国家"十二五"重点图书
国家出版基金资助项目

三峡工程运用后泥沙与防洪关键技术研究丛书

工程水库泥沙淤积及其影响与对策研究

主编 方春明 董耀华

U0190335

长江出版社

《三峡工程运用后泥沙与防洪关键技术研究》丛书

编纂人员

长江水利委员会长江勘测规划设计研究院

课题负责人　仲志余　陈肃利

核　　定　仲志余

审　　查　陈肃利　谈昌莉　胡维忠

校　　核　宁　磊　余启辉　纪国强　曾令木　胡春燕
　　　　　　尹维清　刘丹雅　张　曦

编　　写　胡维忠　宁　磊　余启辉　纪国强　胡春燕
　　　　　　张黎明　游中琼　王翠平　柴晓玲　要　威
　　　　　　马小杰　尹维清　戴昌军　钱　俊　汪红英
　　　　　　张　曦　张仲伟　周　玮

参　　加　宁　磊　马小杰　张黎明　柴晓玲　王翠平
　　　　　　游中琼　要　威　丁志良　张先平　傅巧萍
　　　　　　戴昌军　任　昊　谢作涛　叶小云　张　曦
　　　　　　张仲伟　周　玮　鲁　军　丁　毅　李文俊
　　　　　　李　玮　李建华　谈慧红

南京水利科学研究院

审　　查　施　勇

校　　核　施　勇

编　　写　施　勇　李褆来

参　　加　施　勇　李褆来　栾震宇　陈炼钢　金　秋
　　　　　　牛　帅

清华大学

审　　查　方红卫

校　　核　方红卫

编　　写　方红卫　何建国　赵慧明

长江流域水资源保护局

审　　查　李迎喜

校　　核　李红清

编　　写　李志军　童　波　雷明军

参　　加　王晓嫒　陈　玲　张　宁

长江水利委员会长江科学院

审　　定　卢金友

审　　查　姚仕明

校　　核　张细兵　龚壁卫

编　　写　宫　平　王　敏　黄　悦　刘　鸣　刘　平

参　　加　李荣辉　崔占峰　黄仁勇　程永辉　丁金华

　　　　　胡　波　徐丽珊　周武华　宋建平　严静雯

《三峡工程水库泥沙淤积及其影响与对策研究》

编纂人员

主　　编　　方春明　　董耀华

副主编　　陈松生　　张绪进　　陈稚聪　　徐海涛

　　　　　茆长胜　　关见朝

第1章　　方春明　　曹文洪　　鲁　文　　林云发

第2章　　陈稚聪　　母德伟　　邵学军　　何进朝

　　　　　安凤玲　　张绪进

第3章　　方春明　　毛继新　　黄　悦　　关见朝

第4章　　董耀华　　王　军　　徐海涛　　马秀琴

　　　　　黄仁勇

第5章　　茆长胜　　李　彪　　赵维阳　　李　明

　　　　　侯卫国　　任　昊

第6章　　袁　晶　　毛红梅　　成金海　　全小龙

　　　　　牛兰花　　许全喜

前　言

　　三峡工程的泥沙问题已经过了长期研究,特别是论证与设计阶段,从事研究的单位很多,研究成果丰硕。三峡工程2003年6月开始蓄水,2009年全部建成,实现了设计的防洪、发电、航运综合目标。随着水库运用时间的延长,库区泥沙淤积和坝下游冲刷逐步发展,同时长江上游建库减沙的作用会不断显现,这种新的形势将对三峡水库运用和泥沙应对措施提出新的要求。

　　"十一五"国家科技支撑计划"三峡工程运用后泥沙与防洪关键技术研究"项目中设置了"三峡工程水库泥沙淤积及其影响与对策研究"课题,承担单位有:中国水利水电科学研究院、长江水利委员会长江科学院、重庆西南水运工程科学研究所、清华大学、长江勘测规划设计研究院、长江水利委员会水文局、长江航道规划设计研究院。承担单位在过去研究的基础上,加强了对三峡水库不平衡输沙、异重流、宽级配推移质运动以及水库干容重变化和密实等的理论研究,对相应观测方法和观测仪器进行了改进和完善。利用2003年三峡水库蓄水以来库区泥沙观测资料,对以往建立的泥沙数学模型和实体模型进行补充、验证及完善,定量预测了三峡水库淤积过程、数量和规律,分析了泥沙冲淤变化对水库变动回水区防洪、航运和枢纽运行以及坝下游近坝段宜昌至杨家脑河段的可能影响,研究提出了相应的对策或整治措施,为三峡水库科学、高效运行提供了科技支撑。经过课题组成员的共同努力,取得了很多优秀成果,本书由课题组各单位的研究成果整理总结而成,共分6章。

　　第1章为三峡水库泥沙输移规律研究。首次对三峡水库蓄水运用后水沙输移规律、三峡水库可能存在的絮凝现象等进行了系统研究,分析了其对三峡水库淤积的影响。导出了三峡水库淤积物密实过程数值模拟方程,满足了数学模型对计算淤积物干容重及其变化的需要。

　　第2章为三峡水库库区泥沙淤积影响与蓄水进程研究。采用20世纪90年代水文系列年,进行了重庆主城区河段实体模型试验研究。提出了三峡工程按正常蓄水位运用后,维持航道条件需要的一些清淤或工程整治措施。

第 3 章为三峡水库调度运用方案对水库长期使用的影响。改进完善了水流泥沙数学模型,研究了不同入库水沙条件和运行方案下的水库淤积规律、长期保留库容等。

第 4 章为三峡工程坝区关键泥沙问题及对策研究。采用 20 世纪 90 年代水沙系列,并考虑在长江上游干支流建库拦沙的影响条件下,进行了对三峡大坝坝区泥沙淤积 30＋2 年实体模型的试验,结果表明,试验时段内泥沙淤积不致于影响船闸、升船机和电站的正常运行。

第 5 章为宜昌至杨家脑河段整治研究。通过分析宜昌至大布街河段河道演变观测资料,结合长江中游枝城至大布街河段河工模型试验研究,提出了重点沙卵石浅滩的治理工程方案和相应的航道维护对策及措施。

第 6 章为水库泥沙原型观测技术研究。分析了输沙量法与地形(断面)法差别的原因,提出了两种方法的适用范围。对测验仪器和观测方法进行了改进,并应用于三峡水库大水深条件下水文泥沙观测。

负责和参加各章编写的相关人员见本书编著者名单。全书由方春明、董耀华同志统稿。

需要特别说明的是,"三峡工程水库泥沙淤积及其影响与对策研究"课题各单位的参加人员较多,有很多同志的名字未能在编著者名单中出现,特向他们表示感谢,并请谅解。课题的研究工作是在项目组织单位水利部和国务院三峡工程建设委员会办公室的组织下完成的,也在此表示感谢。

编　者

2011 年 10 月

目 录

1 三峡水库泥沙输移规律研究

通过理论分析和数学模型模拟,结合蓄水以来原型观测资料,对三峡水库大水深强不平衡条件下非均匀沙输沙规律、水库淤积物干容重变化规律、水库异重流形成和运动规律、变动回水区悬移质和推移质的运动规律等进行了深入研究,研究成果为三峡水库水流泥沙数学模型计算、实体模型试验和原型观测技术改进提供了条件。

1.1 三峡水库大水深强不平衡条件下泥沙输移规律

1.1.1 水流与泥沙传播规律变化

(1)实测资料分析

三峡库区河道在天然情况下洪水以行进波的形式传播为主。图 1-1-1 为 2002 年上游寸滩站与三峡工程坝下黄陵庙站的流量过程比较,其中黄陵庙站的流量时间前移了 2 天。可见,黄陵庙站的流量时间前移 2 天后与寸滩站的洪水涨落过程基本一致,从上游寸滩站至坝下黄陵庙站长约 620km 的河段,天然情况下洪水传播时间约为 2 天。

三峡工程蓄水运用后,由于库区水位抬高多,回水长,洪水以重力波的形式作用明显。图 1-1-2 为 2007 年上游寸滩站与三峡工程坝下黄陵庙站的流量过程比较,其中黄陵庙站的流量时间前移了 1 天。可见,三峡水库蓄水后,寸滩站至黄陵庙站的洪水传播时间大致只有 1 天,比天然情况下洪水传播时间缩短了 1 天左右。

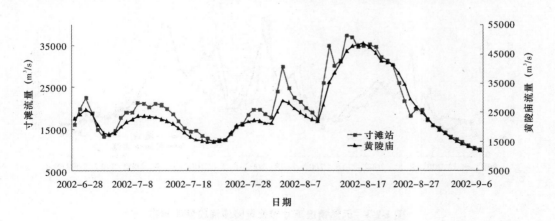

图 1-1-1 天然情况下寸滩至黄陵庙河段洪水传播

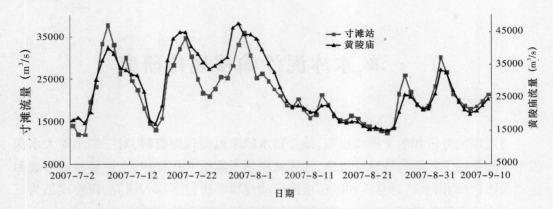

图 1-1-2　三峡水库蓄水后寸滩至黄陵庙河段洪水传播

　　洪水传播以行进波和重力波的形式传播,三峡水库蓄水后,洪水波传播速度加快。但悬沙输移只能随行进波传播,三峡水库蓄水后由于水流流速减慢,悬沙输移速度也因此减慢。图 1-1-3 为 2002 年天然情况下上游寸滩站与三峡工程坝下黄陵庙站的含沙量过程比较,其中黄陵庙站的含沙量时间前移了 3 天。可见,黄陵庙站的含沙量时间前移 3 天后大流量与寸滩站的含沙量变化过程基本一致。也就是说,天然情况下悬沙输移时间为 3 天左右,与洪水传播滞后 1 天左右。

　　三峡工程蓄水运用后,由于库区水位抬高,流速减慢,悬沙输移时间减慢较多。图 1-1-4 为 2007 年上游寸滩站与三峡工程坝下黄陵庙站的含沙量变化过程比较,其中黄陵庙站的含沙量时间前移了 6 天。可见,三峡水库蓄水后,寸滩站至黄陵庙站的悬沙输移时间大流量时大致为 6 天,比天然情况下输移时间增加了 3 天左右,小流量时悬沙输移时间增加更多。也就是说,三峡水库蓄水后,寸滩站至黄陵庙站的悬沙输移时间比洪水传播时间滞后较多,大流量时大约滞后 5 天,小流量时滞后更多。

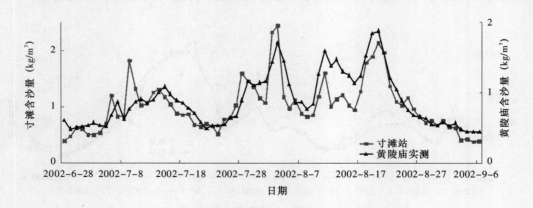

图 1-1-3　天然情况下寸滩至黄陵庙河段悬沙输移

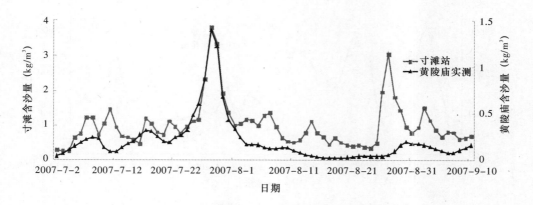

图 1-1-4　三峡水库蓄水后寸滩至黄陵庙河段悬沙输移

（2）数值模拟分析

天然情况下以 2002 年为对象，三峡水库蓄水后以 2007 年为对象，采用一维非恒定流数学模型，模拟三峡水库库区河段的洪水与悬沙传播过程。

图 1-1-5 为 2002 年天然情况下上游寸滩站与黄陵庙站计算洪水流量过程比较，其中黄陵庙站的流量时间前移了 2 天。可见，黄陵庙站的流量时间前移 2 天后与寸滩站的洪水涨落过程也基本一致，说明计算天然情况下洪水传播时间约为 2 天，与实测一致。

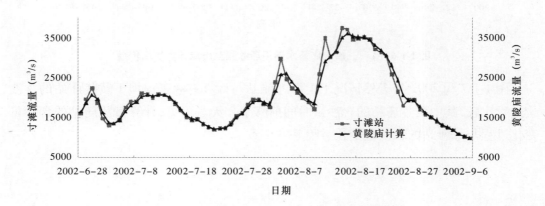

图 1-1-5　天然情况下寸滩至黄陵庙河段计算洪水传播

图 1-1-6（a）为 2007 年上游寸滩站与三峡工程出库流量过程比较，其中出库流量时间前移了 1 天。可见，三峡水库蓄水后，寸滩站至坝址的洪水传播时间大致只有 1 天，比天然情况下洪水传播时间缩短了 1 天左右。图 1-1-6（b）为计算三峡工程出库流量过程与实测的比较，两者基本一致。

图 1-1-6(a)　三峡水库蓄水运用后寸滩至出库计算洪水传播

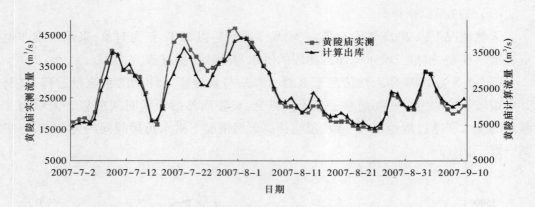

图 1-1-6(b)　三峡水库蓄水运用后寸滩至出库计算洪水传播

　　图 1-1-7 为 2002 年天然情况下上游寸滩站与计算三峡工程坝下黄陵庙站的含沙量过程比较,其中黄陵庙站的含沙量时间前移了 3 天。可见,计算黄陵庙站的含沙量变化过程与寸滩站的含沙量变化过程基本一致。

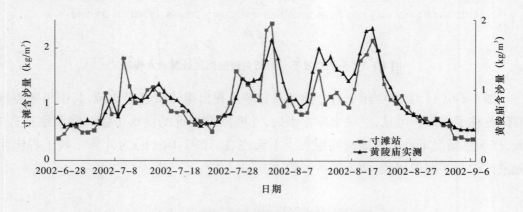

图 1-1-7　天然情况下寸滩至黄陵庙河段悬沙输移

图 1-1-8(a)为 2007 年上游寸滩站与计算三峡出库含沙量变化过程比较,其中出库含沙量时间前移了 6 天。可见,三峡水库蓄水后,寸滩站至坝址计算悬沙输移基本一致。图 1-1-8(b)为 2003 年计算三峡水库出库含沙量过程与实测的比较,两者基本一致。

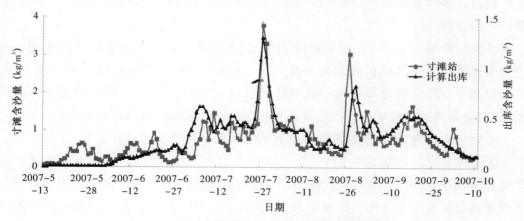

图 1-1-8(a) 三峡水库蓄水后寸滩至坝址悬沙输移

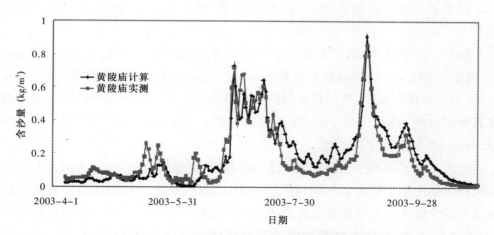

图 1-1-8(b) 三峡水库蓄水后寸滩至坝址悬沙输移

1.1.2 三峡水库泥沙的絮凝作用

(1)泥沙絮凝机理

泥沙絮凝主要是细颗粒泥沙。细颗粒泥沙絮凝的实质是泥沙颗粒通过彼此间的引力相互连接在一起,形成外形多样、尺寸明显变大的絮凝体。三峡水库细颗粒泥沙所占比例较大,占 1/3 以上,是否出现絮凝,对水库淤积量影响较大。已有的研究[1]中,将细颗粒泥沙絮凝的机制概括为三种主要类型。

①盐絮凝。盐絮凝是指入海河口水体中悬浮泥沙因盐度增大而脱稳絮凝,这一机制包括两种情形:一是悬浮泥沙吸附河水中的高价阳离子而降低其表面电位;二是介质离子强度增大,双电层受压缩变薄,降低泥沙的 Zeta 电位。二者均使悬浮颗粒间的排斥

作用减小,降低泥沙的稳定性,促使絮凝发生。这一机制解释了水体盐度、阳离子类型与含量以及颗粒表面电荷特性对于絮凝作用的影响。但三峡水库应不属于这种情况。

②桥联絮凝。由于被吸附物质和有机物的作用而形成粒间桥键,如腐殖质与黏土矿物通过多价金属离子的架桥作用而形成稳定的腐殖质—多价金属离子—黏土矿物三元络合物。

③网捕作用。由于有机物等的胶结作用,泥沙颗粒形成大的絮凝体或絮团。由于絮凝体或絮团内部存在或大或小的空隙,一些细小的颗粒可被捕获而一同下沉。这一机制可以部分解释絮凝体形成与演化过程中立体结构较为复杂的絮凝体的成因,初级絮凝体的这种捕获效能使得细颗粒泥沙絮凝沉降的效果不断放大。

根据已有研究成果,细颗粒泥沙絮凝的影响因子主要有下列几方面。

①水体盐度。盐絮凝中水体盐度是重要的影响因素,很多学者从不同角度研究盐度对细颗粒泥沙行为的影响,得出若干特征性的盐度值,这一方面是由于不同研究者的研究目标与实验条件不尽相同,另一方面反映不同水文条件下盐度对于入海河口细颗粒泥沙行为的影响并非线性。

②含沙量。室内试验表明,泥沙含量越高,细颗粒泥沙絮凝沉降的平均速率越快。

③粒径。一般认为,悬浮泥沙中发生絮凝的,仅仅是其中粒径小于 0.032 mm 的部分,大于 0.032 mm 的部分则不会发生絮凝。这是由于泥沙颗粒越细,其比表面积越大,吸附更多负电基团,从而具有强的阳离子交换容量,Zeta 电位也越大,遇阳离子中和其表面负电荷后,电位下降,更易形成絮团。三峡水库入库泥沙中,粒径小于 0.032 mm 的部分所占比例较大。

④流速。水流能加强细颗粒泥沙之间的碰撞,促进絮凝。同时,水流的剪切破坏作用可以将粘连不牢固的絮凝颗粒剪切分离。因此,水流对细颗粒泥沙絮凝沉降的影响具有正负效应。低流速水流促进絮凝,高流速水流阻滞絮凝。室内实验结果表明,随着水流流速的减小,细颗粒泥沙絮凝沉降强度逐渐增大,在流速小于或等于 30 cm/s 时,细颗粒泥沙絮凝沉降强度随流速的减小逐渐增强,流速大于 40 cm/s 时,细颗粒泥沙基本不发生絮凝沉降。因此,三峡水库汛期大流量时应基本不发生絮凝,枯期小流量时才有可能发生絮凝现象。

(2)三峡水库细颗粒泥沙输移与絮凝分析

图 1-1-9 为近年三峡水库入库寸滩站和出库黄陵庙站的年平均泥沙级配曲线。三峡水库入库与出库泥沙中粒径小于 0.032mm 的泥沙所占比例都很大,近年泥沙级配曲线变化不大。

表 1-1-1 列出了近年三峡水库入库和出库细颗粒泥沙量。表中的 3 组细颗粒泥沙淤积变化有两个特点。一是非汛期 3 组沙的淤积比都很大,且彼此差别很小;二是小水年(2006 年)汛期 3 组沙的淤积比也较大,且彼此差别不大,大水年(2007 年)汛

期3组沙的淤积比小些,彼此有一定差别,即粒径较大淤积比大,粒径较小淤积比小。

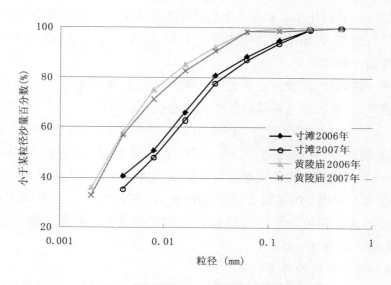

图1-1-9 三峡水库入库和出库泥沙级配曲线

表1-1-1 三峡水库入库和出库细颗粒泥沙量

mm	<0.004	0.004~0.008	0.008~0.016	<0.004	0.004~0.008	0.008~0.016
万t	2006 年			2007 年		
汛期6-9月入库	3653	842	1335	7160	2538	3003
汛期6-9月出库	477	138	81	2846	725	567
淤积比(%)	87	84	94	60	71	81
非汛期入库	786	269	344	573	231	266
非汛期出库	38	13	9	51	12	8
淤积比(%)	95	95	97	91	95	97

三峡水库细颗粒泥沙不仅淤积比大,且彼此差别小,如不考虑絮凝等因素,这种现象难以用常用的不平衡输沙理论解释。三峡水库有关水文测站的悬沙级配测定方法在1961—1970年系列中采用的是粒径计法,而近些年采用的是移液管法,两种方法测定的结果之间有一定差异,粒径计法测定的泥沙粒径偏大,在三峡水库泥沙淤积计算时进行了统一,对采用的移液管法粒径进行了修正,修正前后结果如表1-1-2所示。

表1-1-2 粒径计法悬沙级配进行修正

移液管法粒径(mm)	0.004	0.008	0.016
对应粒径计法粒径(mm)	0.0074	0.013	0.024
分组粒径(mm)	<0.0074	0.0074~0.013	0.013~0.024
沉速(mm/s)	0.03	0.10	0.36

由表 1-1-2 可见,3 组细颗粒泥沙的沉速之比超过 10 倍,细颗粒泥沙应表现为挟沙能力大、沉降慢、淤积比小。而表 1-1-1 中反映出来的 3 组细颗粒泥沙的淤积比在非汛期基本没有差别,在汛期差别也不超过 1 倍,因此如不考虑絮凝等因素,难以用通常的不平衡输沙规律解释。

对于最细一组泥沙,即使假定在进入三峡库区后其挟沙能力为 0,也可根据一维不平衡输沙公式,计算在库区输移过程中其沿程变化的规律:

$$S_l/S_l^0 = e^{\frac{-\alpha\omega L}{UH}} \qquad (1-1-1)$$

如取非汛期库区平均流速 0.1m/s,平均水深 65m,库区长 480km,取 $\alpha = 0.25$,则由式(1-1-1),其淤积率只有 6%,即使取 $\alpha = 1$,其淤积率也只有 20%,而实际淤积率大于 90%,相差巨大。汛期流速大,淤积率应比非汛期更小,与实际淤积率也相差很大。在可能影响泥沙输移规律的因素中,絮凝应是主要的考虑因素,后面的模拟将说明这一点。

(3)三峡水库泥沙输移与絮凝影响模拟

采用一维非恒定水流泥沙数学模型,对三峡水库的泥沙输移与絮凝影响模拟研究。前面用模型对三峡水库的洪水传播和泥沙传播过程进行了模拟,模拟结果与实际符合良好。这里对进出库泥沙的淤积情况进行模拟分析,以说明三峡水库泥沙输移与絮凝的影响。

图 1-1-10(a)至图 1-1-10(c)为不考虑絮凝现象时计算出库黄陵庙含沙量与实测比较,可见 2003 年和 2007 年枯期计算含沙量明显偏大,2006 年是小水年,汛期和枯期计算含沙量明显偏大。由于较粗的泥沙在库区基本全部淤积,出库主要是细颗粒泥沙,因此相差是细颗粒泥沙引起的。2003 年和 2007 年汛期计算出库含沙量与实测基本一致,枯期计算含沙量明显偏大,用絮凝现象加以解释是可行的,说明汛期流速大,絮凝现象不明显。后面将模拟考虑絮凝现象情况下的出库含沙量变化情况。

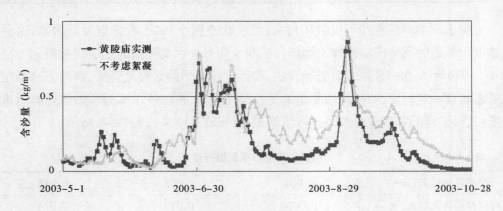

(a)2003 年比较

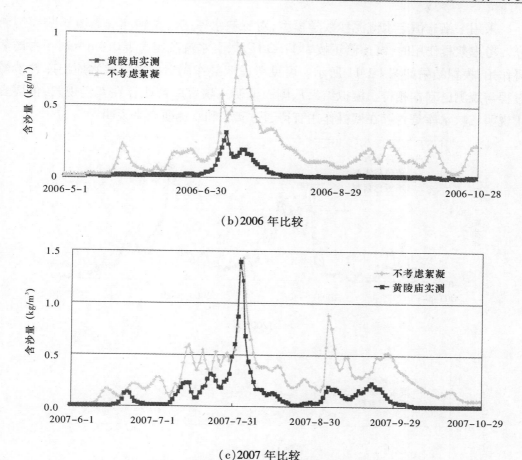

（b）2006 年比较

（c）2007 年比较

图 1-1-10 不考虑絮凝现象时计算出库黄陵庙含沙量与实测比较

目前已有的研究基本都是针对盐度引起的絮凝现象,发生速度比较快。三峡水库是淡水水库,水中虽有少量阳离子和有机物等,有发生絮凝的可能,但应不会发生快速絮凝现象。三峡水库流速小,但枯期泥沙从入库至出库有 10 多天时间,针对这种大水深水库可能出现的缓慢絮凝现象目前还没有专门研究。这里考虑三峡水库的絮凝现象时采用泥沙手册中给出的盐度引起的絮凝现象的有关成果。根据其结果,细颗粒泥沙的沉速增加很多,如表 1-1-3 所示。最细一组泥沙沉速增加超过 10 倍,3 组泥沙沉速修正后相差已很小,这与实测资料所反映的这 3 组泥沙淤积率相差不大的情况是相一致的,这从侧面说明三峡水库可能存在絮凝现象。

表 1-1-3　　　　　　　　　　　　絮凝对沉速的影响

分组粒径（mm）	< 0.0074	0.0074 ~ 0.013	0.013 ~ 0.024
无絮凝沉速（mm/s）	0.03	0.10	0.36
絮凝修正沉速（mm/s）	0.75	0.79	0.90

采用一维非恒定水流泥沙数学模型,对三峡水库的泥沙输移与絮凝影响模拟研究。考虑絮凝作用时,沉速修正按表1-1-3所示,且水流流速大于0.4m/s时不考虑絮凝作用,模拟结果如图1-1-11所示。可见考虑絮凝作用后模拟三峡水库出库含沙量过程与观测已基本相符。模拟结果从侧面说明三峡水库可能存在絮凝现象,但要真正说明三峡水库是否存在絮凝作用有待通过实验和观测研究来说明。

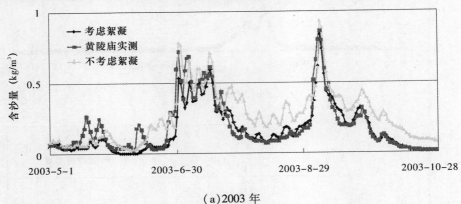

(a)2003 年

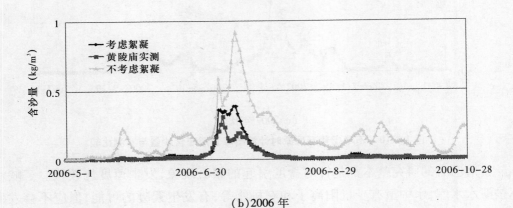

(b)2006 年

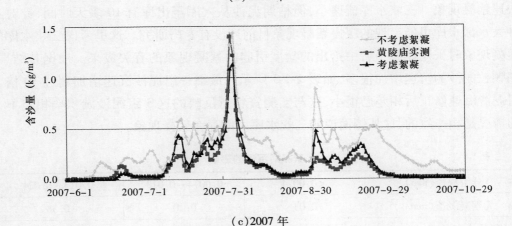

(c)2007 年

图1-1-11　考虑絮凝作用出库含沙量变化

1.1.3 三峡水库泥沙输移特性对水库淤积的影响

三峡水库蓄水运用后,由于库区水位抬高多,回水长,洪水以重力波的形式传播作用明显,寸滩站至黄陵庙站的洪水传播时间大致只有 1 天,比天然情况下洪水传播时间缩短了 2 天左右。但悬沙输移只能随行进波传播,三峡水库蓄水后由于水流流速减慢,悬沙输移速度也因此而减慢,寸滩站至黄陵庙站的悬沙输移时间大流量时大致为 6 天,比天然情况下输移时间增加了 3 天左右,小流量时悬沙输移时间增加更多。也就是说,三峡水库蓄水后,寸滩站至黄陵庙站的悬沙输移时间比洪水传播时间滞后较多,大流量时大约滞后 5 天,小流量时滞后更多。因此,三峡工程蓄水运用后,库区非恒定流过程中悬沙输移滞后洪水传播的现象对库区泥沙淤积将有一定影响。

三峡水库运用后流速减慢,泥沙输移时间长,三峡水库可能存在的泥沙絮凝作用是对水库淤积产生影响的第二个因素。

(1)悬沙输移滞后洪水传播对库区泥沙淤积的影响

为了说明非恒定洪水过程中悬沙输移滞后洪水传播对库区泥沙淤积的影响,采用恒定流一维水流泥沙数学模型和非恒定流一维水流泥沙数学模型对比计算,分析两者计算水库泥沙淤积的差别。计算采用实测入库水沙过程,入库控制站为干流的寸滩和乌江支流武隆站,出口给定坝前水位过程。计算时段为三峡水库初期蓄水运用至 2007 年。

表 1-1-4 与图 1-1-12 为计算淤积量过程比较。由表 1-1-4 可知,非恒定流模型计算每一年的淤积量都是比恒定流模型计算结果偏大的,相差大小与非恒定程度有关,非恒定程度大相差则大。2007 年相差最大,相差 11.3%,2006 相差最小,相差 6.5%。2003—2007 年总淤积量,非恒定流模型计算结果比恒定流模型计算结果大 8.1%。非恒定流模型计算结果之所以比恒定流模型计算淤积量大,非恒定流模型所反映的泥沙输移滞后流量传播是主要原因。

从图 1-1-12 可见,2003—2007 年观测淤积过程与计算结果相符很好,观测淤积过程线基本介于恒定流模型计算结果与非恒定流模型计算淤积过程线之间,总淤积量以非恒定流模型与观测符合较好。从表 1-1-4 可以看到,非恒定流模型计算结果与观测比较,总淤积量相差只有 0.7%,其中 2003 年计算结果偏大最多,偏大 10.9%,2007 年偏小最多,偏小 15.8%,其他年份偏差较小。

表 1-1-4			计算淤积量过程比较			
年份 淤积量($10^8 m^3$)	2003	2004	2005	2006	2007	合计
①恒定流模型	1.37	1.32	1.72	0.93	1.33	6.67
②非恒定流模型	.1.47	1.42	1.85	0.99	1.48	7.21

续表

年份\n淤积量(10^8m^3)	2003	2004	2005	2006	2007	合计
②与①相对差(%)	7.3	7.6	7.6	6.5	11.3	8.1
③观测结果	1.32	1.36	1.86	1.03	1.69	7.26
②与③相对差(%)	11.4	4.4	-0.5	-3.9	-12.4	-0.7

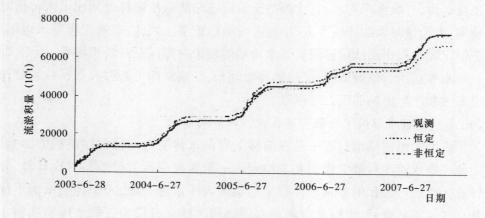

图 1-1-12　计算淤积量过程比较

图 1-1-13 为计算淤积沿程分布的比较,恒定流与非恒定流模型计算淤积分布与观测基本一致,相对而言,非恒定流模型计算分布与观测更为接近。为了说明恒定流与非恒定流模型计算淤积分布的差别,图 1-1-14 给出了两者量差的沿程分布。可见,非恒定流模型计算结果与恒定流模型计算结果之差沿程扩大,说明非恒定流模型计算淤积都比恒定流模型大,但近坝段两者之差增长最快,往上游增长有所减慢。其原因应是水深大,则非恒定流引起的悬沙传播比洪水传播滞后大,对悬沙的淤积影响大。

三峡水库蓄水运用后,寸滩站至黄陵庙站的洪水传播时间大致只有 1 天,而悬沙输移时间大流量时大致为 6 天,悬沙输移时间比洪水传播时间大约滞后 5 天,这对通过水库运用调度过程中多排沙增加了难度。一方面,洪水传播时间缩短后,洪水预报时间变短,提前降低水位排沙更加困难。另一方面,悬沙输移时间比洪水传播时间大约滞后 5 天,如入库沙峰含沙量较高,水库运用中需要注意洪峰过后的沙峰排沙。

水库提前蓄水时,也应考虑到坝前水位抬高的影响,其在较短时间内就会影响到变动回水区。2007 年蓄水是 9 月 25 日 00:00 时开始的,观测结果是清溪场水位流量关系在 25 日 15 时发生明显变化。也就是说,坝前水位抬高的影响 15 小时向上传播到清溪场,数学模型计算结果是 14 小时传播到清溪场,与观测基本一致。

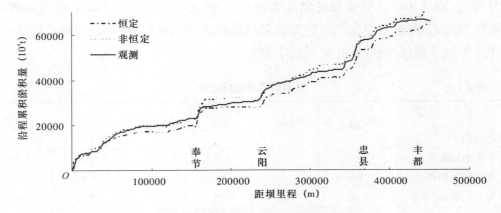

图 1-1-13　计算淤积沿程分布的比较

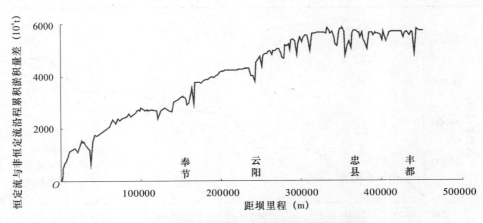

图 1-1-14　恒定流与非恒定流沿程累积淤积量差

（2）考虑絮凝作用对库区泥沙淤积的影响

为了说明絮凝作用对库区泥沙淤积的影响，这里采用非恒定流一维水流泥沙数学模型，对比计算考虑絮凝作用和不考虑絮凝作用时两者淤积的差别。计算仍采用实测入库水沙过程，入库控制站为干流的寸滩和乌江支流武隆站，出口给定坝前水位过程。计算时段为三峡水库初期蓄水运用至 2007 年。

表 1-1-5 与图 1-1-15 为考虑絮凝作用和不考虑絮凝作用计算淤积量过程比较，图 1-1-16 为考虑絮凝与不考虑絮凝作用淤积量差。由表 1-1-5 可知，考虑絮凝作用计算结果每一年的淤积量都比不考虑絮凝作用计算结果偏大。2006 年相差最大，相差 25%，2005 年相差最小，相差 15%。2003—2007 年总淤积量，考虑絮凝作用比不考虑絮凝作用计算结果大 19%。

从图 1-1-15 可见，2003—2007 年观测淤积过程与考虑絮凝作用计算结果相符很好，不考虑絮凝作用计算结果明显偏小。从表 1-1-5 可以看到，考虑絮凝作用计算结果与观测比较，总淤积量相差只有 0.7%。但分年比，2003 年计算结果明显偏大，

2004 年与 2005 年计算结果与观测基本相当,2006 年与 2007 年计算结果比观测小。值得注意的是,考虑絮凝作用后计算结果与观测比,从 2003 年开始,由偏大到偏小的变化过程似乎是规律性的,其原因尚不清楚。

表 1-1-5 计算淤积量过程比较

年份 淤积量($10^8 m^3$)	2003	2004	2005	2006	2007	合计
①不考虑絮凝作用	1.22	1.13	1.57	0.74	1.20	5.86
②考虑絮凝作用	1.47	1.42	1.85	0.99	1.48	7.21
②与①相对差(%)	17	20	15	25	19	19
③观测结果	1.32	1.36	1.86	1.03	1.69	7.26
②与③相对差(%)	11.4	4.4	-0.5	-3.9	-12.4	-0.7

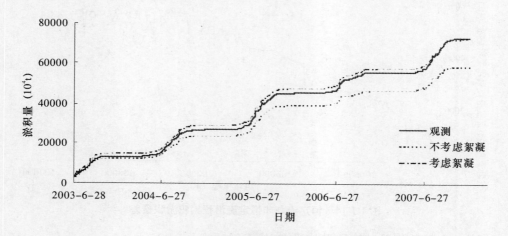

图 1-1-15 考虑絮凝作用对淤积量的影响

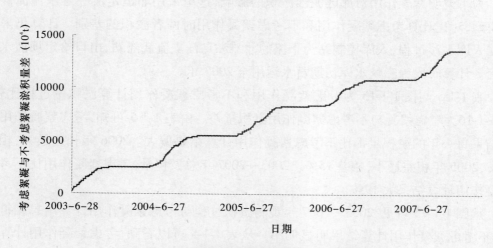

图 1-1-16 考虑絮凝与不考虑絮凝作用淤积量差

14

图 1-1-17 为计算淤积沿程分布的比较,考虑絮凝作用与不考虑絮凝作用沿程淤积分布规律是基本一致的,只是不考虑絮凝作用时淤积量明显偏小。为了说明考虑絮凝作用与不考虑絮凝作用计算淤积分布的差别,图 1-1-18 给出了两者的差的沿程分布。可见,不考虑絮凝作用计算结果与考虑絮凝作用计算结果之差近坝段增长最快,主要在坝前 180km 以内,往上游增长减慢。其原因应是坝前水深大,流速小,絮凝作用强,对淤积影响大。

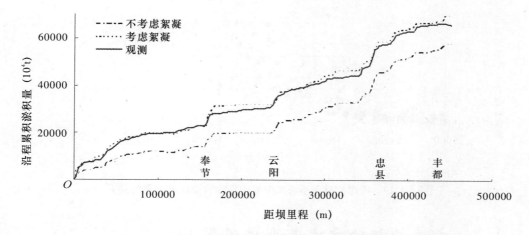

图 1-1-17   考虑絮凝作用与不考虑絮凝作用计算沿程淤积分布比较

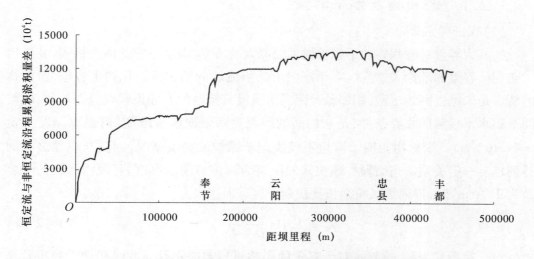

图 1-1-18   考虑絮凝作用与不考虑絮凝作用淤积量差沿程分布

三峡水库如真存在絮凝现象,将使水库的泥沙淤积率有所增大,前面已经进行了分析。根据已有的研究成果,絮凝现象只发生在水流流速小于 0.4m/s 的时候,这在三峡水库调度运行中应加以考虑,水库提前蓄水时也应考虑这一问题。也就是说,水库应注意在较大流量时多排沙,小流量时,一旦出现絮凝现象,则排沙比就会大为减小。图 1-1-19 为考虑絮凝与不考虑絮凝出库含沙量比与流量的关系。由图可见,当入库流量小于 16000m³/s 时,絮凝作用使水库排沙比明显减小。这也说明,当入库流量小于 16000m³/s 时,即使入库含沙量较大,提前蓄水对水库淤积量影响已不大。

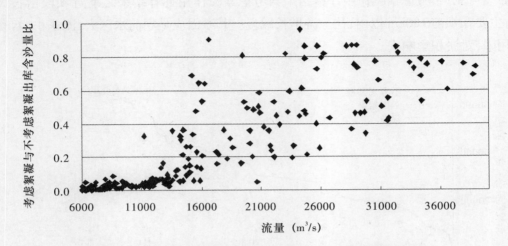

图 1-1-19　考虑絮凝与不考虑絮凝出库含沙量比与流量的关系

1.2　水库淤积物干容重变化规律

1.2.1　淤积物初期干容重

(1)理论研究简介

韩其为等曾对淤积物的干容重做了较深入的研究,揭示了它的内在机理,并导出了初期干容重的理论表达式。对于刚淤下的不流动的细颗粒淤积物干容重,淤积物的特点是未经过固结压密,相邻颗粒薄膜水是没有接触的。如果颗粒分布均匀,颗粒间薄膜水不接触的临界条件,是它们间的间距为两倍薄膜水厚度(薄膜水厚度为 δ_1 $=4\times10^{-7}$m)。淤积物初期干容重不仅决定于颗粒的密实情况,而且与颗粒之间的排列也有一定关系。当细颗粒颗粒间的距离为两倍薄膜水厚度,且泥沙颗粒的干容重为 2.7t/m³ 时,得到细颗粒淤积物初期干容重表达式为:

$$\gamma_0' = 1.41\left(\frac{D}{D+4\delta_1}\right)^3 \qquad (1-2-1)$$

对于粗颗粒泥沙,薄膜水对干容重的影响可以忽略不计。此时初期干容重就是最终干容重,不存在密实问题。韩其为等通过假定干容重密实差值的增量与干容重密实的差及粒径的增量成正比,得到粗颗粒泥沙初期干容重为:

$$\gamma_0' = 1.88 - 0.472\exp(-0.095(D-1)) \qquad (1-2-2)$$

式中:D 为粒径,以 mm 计。

综合式(1-2-1)与式(1-2-2),得到淤积物干容重为:

$$\begin{cases} \gamma_0' = 1.41(\dfrac{D}{D+4\delta_1})^3 & D < 1\text{mm} \\ \gamma_0' = 1.88 - 0.472\exp(-0.095(D-1)) & D > 1\text{mm} \end{cases} \quad (1-2-3)$$

韩其为等就公式(1-2-3)的计算结果与实验结果进行了对比,理论计算结果与实验结果符合良好。

(2) 三峡水库淤积物初期干容重

三峡水库蓄水运用以来对淤积物干容重进行了一系列的观测,收集了较多的观测资料。长江水利委员会上游局对三峡水库观测初期淤积物干容重进行了分析,库区淤积物干容重观测结果表明:库区淤积物干容重随粒径增大而增大,库区表层淤积物干容重和中值粒径沿程总体上表现为自上而下递减,淤积物厚度内干容重分布随深度增大而增大,干容重垂向上的分布表现为淤积物表层最小、中层次之、底层最大。一些现象与理论分析所说明的基本规律是一致的。观测结果与理论计算结果的比较如下:

大坝—庙河河段共布设 5 个取样断面。由于坝前段泥沙淤积比较均匀,各断面淤积物级配变化也不大,大坝—庙河河段床沙中值粒径为 0.006mm,平均粒径为 0.026mm。按公式(1-2-3)计算淤积初期干容重时,如取床沙中值粒径 0.006mm 计算,则初期干容重为 0.69t/m^3,比观测结果 $0.85\ \text{t/m}^3$ 明显偏小。如取床沙平均粒径 0.026mm 计算,则初期干容重为 1.18t/m^3,比观测结果明显偏大。采用分组粒径计算,然后计算平均干容重为 $0.82\ \text{t/m}^3$,与观测 0.85t/m^3 符合良好,如表1-2-1 所示。

表 1-2-1　　　　　　　大坝—庙河河段计算初期淤积物干容重　　　　（单位:t/m^3）

粒径(mm)	0.004	0.008	0.016	0.031	0.062	0.125	0.25	0.50
累计百分比	37.6	58.6	68.8	79.1	92.3	95.3	98.2	100.0
分组干容重	0.51	0.82	1.06	1.21	1.31	1.36	1.38	1.40
计算平均干容重	0.82							
观测平均干容重	0.85							

常年回水区—万县河段,由于万县河段离坝前较远,泥沙淤积不很均匀,各断面淤积物级配变化较大,各断面的淤积物平均中值粒径的变化范围为 0.071 ~ 0.158mm,但计算淤积物初期干容重变化范围则为 1.16 ~ 1.27 t/m^3,变化范围很小,各断面计算淤积物初期干容重与观测结果基本一致。不同取样点的淤积物初期干容重计算结果如表 1-2-2 和图 1-2-1 所示。可见,其变化规律与图表所示观测结果变化规律是基本一致的,都随淤积物中值粒径增大而略有增大趋势。

表 1-2-2　　　　　　　　万县河段床沙级配及初期淤积物干容重　　　　（单位：t/m³）

S169 断面　　中值粒径 0.158mm									
粒径（mm）	0.004	0.008	0.016	0.031	0.062	0.125	0.25	0.50	1.0
累计百分比	13.5	19.8	25.9	32.9	39.6	45.0	76.4	90.8	95.5
分组干容重	0.51	0.82	1.06	1.21	1.31	1.36	1.38	1.40	1.41
计算平均值	1.16								
观测平均值	1.11								
S170 断面　　中值粒径 0.038mm									
粒径（mm）	0.004	0.008	0.016	0.031	0.062	0.125	0.25	0.50	1.0
累计百分比	23.7	33.5	41.5	49.0	52.6	52.9	54.1	66.5	70.5
分组干容重	0.51	0.82	1.06	1.21	1.31	1.36	1.38	1.40	1.41
粒径（mm）	2.0	4.0	8.0	16	32	64	128		
累计百分比	70.6	70.7	70.8	70.8	71.5	78.8	100.0		
分组干容重	1.45	1.53	1.64	1.77	1.86	1.88	1.88		
计算平均值	1.19								
观测平均值	1.20								
S172 断面　　中值粒径 0.071mm									
粒径（mm）	0.004	0.008	0.016	0.031	0.062	0.125	0.25	0.50	1.0
累计百分比	14.1	22.1	31.0	40.4	48.4	56.2	63.0	69.3	70.6
分组干容重	0.51	0.82	1.06	1.21	1.31	1.36	1.38	1.40	1.41
粒径（mm）	2.0	4.0	8.0	16	32	64			
累计百分比	71.1	71.9	74.0	79.6	96.5	100.0			
分组干容重	1.45	1.53	1.64	1.77	1.86	1.88			
计算平均值	1.24								
观测平均值	1.15								
S173 断面　　中值粒径 0.036mm									
粒径（mm）	0.004	0.008	0.016	0.031	0.062	0.125	0.25	0.50	1.0
累计百分比	20.4	28.9	38.9	47.6	51.2	51.8	53.0	53.8	54.0
分组干容重	0.51	0.82	1.06	1.21	1.31	1.36	1.38	1.40	1.41
粒径（mm）	2.0	4.0	8.0	16	32	64			
累计百分比	54.1	54.6	55.6	60.5	79.6	100.0			
分组干容重	1.45	1.53	1.64	1.77	1.86	1.88			
计算平均值	1.27								
观测平均值	1.30								

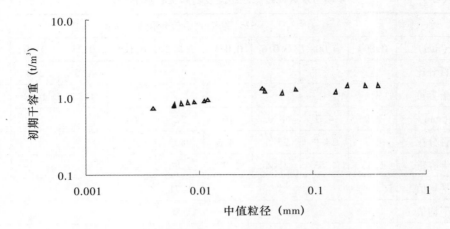

图 1-2-1　万县河段计算淤积物初期干容重变化

变动回水区—土脑子河段,泥沙冲淤很不均匀,各断面淤积物级配变化较大,各断面的淤积物平均中值粒径的变化范围为 0.019 ~ 18.3mm。计算淤积物初期干容重变化范围则为 0.99 ~ 1.71 t/m³,变化范围比常年回水区明显要大些,但各断面计算淤积物初期干容重与观测结果基本一致,见表 1-2-3 所示。常年回水区,分组计算平均干容重都比用中值粒径计算的平均干容重小,变动回水区则有所不同,有的断面分组计算平均干容重比用中值粒径计算的平均干容重大。如 S252 断面,分组计算平均干容重为 1.55t/m³,而用中值粒径计算的平均干容重为 1.37t/m³。不同取样点的淤积物初期干容重计算结果如图 1-2-2 所示,初期干容重都随淤积物中值粒径增大而略有增大趋势。

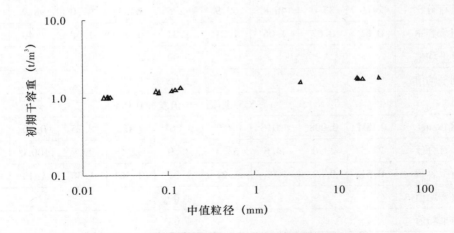

图 1-2-2　变动回水区河段计算淤积物初期干容重变化

表 1-2-3　　　　　　　　变动回水区河段床沙级配及初期淤积物干容重　　　　（单位：t/m^3）

	S251 断面　　中值粒径 18.3mm								
粒径（mm）	0.004	0.008	0.016	0.031	0.062	0.125	0.25	0.50	1.0
累计百分比							1.0	3.0	3.9
分组干容重							1.38	1.40	1.41
粒径（mm）	2.0	4.0	8.0	16	32	64			
累计百分比	4.7	14.9	27.5	44.6	95.3	100			
分组干容重	1.45	1.53	1.64	1.77	1.86	1.88			
计算平均值	1.71								
观测平均值	1.80								
	S252 断面　　中值粒径 16.2mm								
粒径（mm）	0.004	0.008	0.016	0.031	0.062	0.125	0.25	0.50	1.0
累计百分比				0.0	0.5	2.4	5.8	7.5	10.0
分组干容重				1.21	1.31	1.36	1.38	1.40	1.41
粒径（mm）	2.0	4.0	8.0	16	32	64			
累计百分比	12.2	23.5	30.6	49.1	87.8	100.0			
分组干容重	1.45	1.53	1.64	1.77	1.86	1.88			
计算平均值	1.69								
观测平均值	1.72								
	S252 + 1 断面　　中值粒径 0.019mm								
粒径（mm）	0.004	0.008	0.016	0.031	0.062	0.125	0.25	0.50	1.0
累计百分比	24.0	35.0	46.8	59.9	72.5	84.8	97.0	98.9	100.0
分组干容重	0.51	0.82	1.06	1.21	1.31	1.36	1.38	1.40	1.41
计算平均值	0.99								
观测平均值	1.02								
	S254 断面　　中值粒径 0.02mm								
粒径（mm）	0.004	0.008	0.016	0.031	0.062	0.125	0.25	0.50	
累计百分比	22.5	29.8	44.6	63.3	76.9	92.6	99.9	100.0	
分组干容重	0.51	0.82	1.06	1.21	1.31	1.36	1.38	1.40	
计算平均值	1.00								
观测平均值	1.03								

1.2.2　淤积物密实与干容重变化过程

(1)理论研究简介

淤积物的密实属于饱水土的渗透固结问题,在土力学研究中已有专门研究,明确地提示了饱和土的压缩主要是在外荷作用下孔隙水被挤出,以致孔隙体积减小所引起的。土中孔隙水的挤出速度,取决于土的渗透性和土的厚度。土的渗透系数愈低、土层愈厚,孔隙水的撞出就愈需要时间。这种与自由水的渗透速度有关的固结过程称为渗透固结。此外,土随时间的压缩过程还与土粒骨架的蠕变性能矿物颗粒的重新排列和自身变形等有关,这样的固结过程称为次固结,这里水库淤积物的密实研究不考虑次固结过程。韩其为等较早引入了土力学的研究成果,进行了水库淤积物干容重变化的理论研究。淤积物形成后,具有初期干容重 γ'_0,或相应的初始孔隙比 ε_0,在其间充满着孔隙水。以后在自重作用下,淤积物受压。

在饱水土压密理论中,对于类似淤积物的密实条件,即土层厚度随时间增加的孔隙水压力或有效应力,已导出相应的微分方程,转换成淤积物干容重的方程为:

$$\frac{\partial \gamma'}{\partial t} = C_v \frac{\partial^2 \gamma'}{\partial z^2} - \frac{2C_v}{\gamma'}\left(\frac{\partial \gamma'}{\partial z}\right)^2 \qquad (1-2-4)$$

式中:z 为铅直方向的坐标;C_v 为固结系数。

淤积物干容重的方程是非线性的,可求数值解。需要指出的是,在一般饱水土固结理论中,为了使上述有关方程线性化,在推导过程中忽略了系数 C_v 的变化,这虽然使方程的严密性受到一定的削弱,求解较为方便,但是对颗粒很细的淤积物,C_v 等均有一定变化,由上述结果会带来一定误差。所以在具体使用时,可能对某些参数有所修正。

(2)淤积物密实过程数值模拟

淤积物密实过程数值模拟,直接采用淤积物密实过程中干容重所满足的方程(1-2-4),方程是非线性的,类似对流扩散方程,求数值解比较容易。方程中的参数 C_v 为固结系数:

$$C_v = \frac{k(1+\varepsilon)}{a_v \gamma}$$

式中:k 为渗透系数;ε 为在压密范围内的空隙比;a_v 为压缩系数;γ 为水密度。利用 $\varepsilon = \dfrac{\gamma_s}{\gamma'} - 1$,则 C_v 为:

$$C_v = \frac{k\gamma_s}{a_v \gamma \gamma'} \qquad (1-2-5)$$

压缩系数并不是常数,主要与土的孔隙比有关。由于目前对水库淤积物的压缩系数没有专门的研究,缺乏有关资料,上式中的压缩系数只能借用其他有关黏性土的压缩系数的研究成果。方永伦等对开封地区土的压缩系数和孔隙比的经验关系进行

了研究,这里采用其成果,关系如下:

$$a_v = 0.37\varepsilon^{2.6} \quad (\text{cm}^2/\text{kg})$$

则可求出 C_v 为:

$$C_v = \frac{k}{0.37\gamma} \frac{\gamma_s \gamma'^{1.6}}{(\gamma_s - \gamma')^{2.6}} \qquad (1-2-6)$$

上面固结系数表达式中还有土的渗透系数参数,同样,土的渗透系数也不是常数,它主要与土粒的级配与孔隙比有关。张力霆对渠道边坡黏性土渗透系数的变化规律进行了实验研究,这里采用其经验公式:

$$k = 45.31 \times 10^{-6} \exp(-3.37/\varepsilon) \quad (\text{cm/s})$$

则可求出 C_v 为:

$$C_v = \frac{3.86}{\exp(3.37\gamma'/(\gamma_s - \gamma'))} \cdot \frac{\gamma_s \gamma'^{1.6}}{(\gamma_s - \gamma')^{2.6}} \quad (\text{m}^2/\text{a}) \qquad (1-2-7)$$

求解淤积密实过程需给定初始条件,初始条件主要是初始干容重,对于新近淤积的淤积物其初期干容重由式(1-2-3)计算。下层淤积物的干容重则由上一年计算的干容重作为下年计算的初始干容重。

求解淤积密实过程还需给定边界条件,淤积物表面由于上面没有土压力,因而干容重为初始干容重,即

$$\gamma' = \gamma'_0 \qquad (1-2-8)$$

在淤积物底部$(z = H)$,假定水库淤积物底部为不透水的,淤积物固结过程中水单向向上渗透,通过推导并代入相关参数后,可得到淤积物干容重底部边界条件为:

$$\frac{\partial \gamma'_s}{\partial z} = 0.061(\gamma_s - \gamma'_s)^{2.6} \frac{(\gamma'_s)^{0.4}}{\gamma_s} \qquad (1-2-9)$$

综合方程(1-2-4)及边界条件和初始条件有:

$$\begin{cases} \dfrac{\partial \gamma'}{\partial t} = C_v \dfrac{\partial^2 \gamma'}{\partial z^2} - \dfrac{2C_v}{\gamma'}\left(\dfrac{\partial \gamma'}{\partial z}\right)^2 \\[2mm] C_v = \dfrac{3.86}{\exp(3.37\gamma'/(\gamma_s - \gamma'))} \cdot \dfrac{\gamma_s \gamma'^{1.6}}{(\gamma_s - \gamma')^{2.6}} \\[2mm] \gamma'|_{z=0} = \gamma'_0 \ (z = 0) \\[2mm] \dfrac{\partial \gamma'_s}{\partial z}\Big|_{z=H} = \left[0.061(\gamma_s - \gamma'_s)^{2.6} \dfrac{(\gamma'_s)^{0.4}}{\gamma_s}\right]\Big|_{z=H} \end{cases} \qquad (1-2-10)$$

为了检验上述淤积物干容重变化计算方法,取三峡水库坝前河段的几个断面进行了模拟,计算结果如图 1-2-3 所示,可见计算结果与观测符合较好。

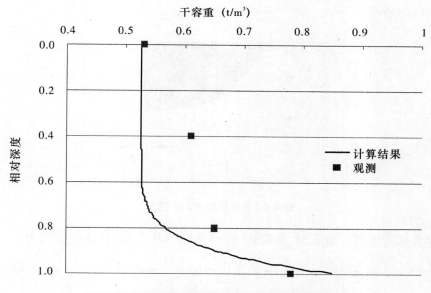

（a）S31 断面计算干容重沿厚度分布与观测结果比较

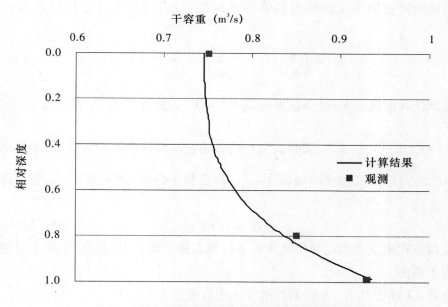

（b）S33 断面计算干容重沿厚度分布与观测结果比较

图 1-2-3 淤积物干容重变化过程模拟

1.3　三峡水库异重流形成和运动规律

1.3.1　水库形成异重流的判别条件

（1）现有异重流潜入判别条件推导方法的不足与改进

从动量方程出发或从运动方程出发推导异重流潜入判别条件是现有的主要方

法,如图 1-3-1 所示。

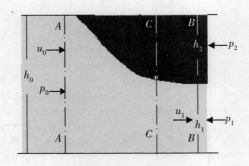

图 1-3-1 异重流潜入示意图

当浑水异重流潜入清水时,在断面 $A-A$ 和 $B-B$ 之间,其动量方程为:

$$\frac{\gamma}{g}(h_1 u_1^2 - h_0 u_0^2) = p_0 - p_2 - p_1 = \frac{1}{2}\gamma h_0^2 - \frac{1}{2}\gamma_0 h_2^2 - \left(\gamma_0 h_2 + \frac{1}{2}\gamma h_1\right)h_2$$

$$(1-3-1)$$

以前的研究仿照求水跃前后的临界水深的方法,可求出异重流潜入的临界条件为:

$$h_c = \left(\frac{q^2}{\eta_g g}\right)^{\frac{1}{3}}, \quad \frac{u^2}{\eta_g g h_c} = Fr_0^2 = 1 \qquad (1-3-2)$$

可见欲使异重流潜入,必须在潜入点 $Fr_0^2 = 1$,为此要求在潜入前 $Fr_0^2 = \dfrac{u_0^2}{\eta_g g h_0} \leqslant 1$,潜入后 $Fr_0^2 = \dfrac{u_1'^2}{\eta_g g h_0'} \geqslant 1$,同时认为在实际确定浑水异重流潜入点时,不是取临界断面 $C-C$,而是取潜入前面的断面 $A-A$ 。范家骅等研究,潜入点 $A-A$ 处的修正福氏数为:

$$Fr_0^2 = 0.60 \qquad (1-3-3)$$

从动量方程出发得到的异重流潜入条件能否满足能量方程呢?下面推导说明两者间是有矛盾的。

现列 $A-A$ 断面和 $B-B$ 断面间的浑水水流能量方程:

$$(1 + \eta_g)g h_0 + \frac{1}{2}u_0^2 = g h_0 + \frac{1}{2}u_1^2 + \eta_g g h_1 + \Delta E \qquad (1-3-4)$$

$h_1 = k \cdot h_0$ 代入上式可得:

$$\Delta E = \eta_g \cdot g \cdot h_0 \frac{(k-1)^3}{4k} \qquad (1-3-5)$$

可见当 $k = \dfrac{h_1}{h_0} \leqslant 1$ 时, $\Delta E \leqslant 0$,能量沿程是增长的,这样的水跃是不可能发生的。

而当 $k \geqslant 1$ 时虽然能量沿程是减小的,但 $h_1 \geqslant h_0$ 这样的水跃不能形成异重流。

由上面的分析可知由动量方程推导得到的判别条件 $Fr_0^2 = 1$ 与能量方程是有矛盾的。究其出现矛盾的原因,首先在图 1-3-1 中把潜入点下游的清水部分看作是静止的,这是对实际情况的简化,而实际上清水会作环流运动,因流速比潜入的浑水小,这样的简化是可行的,但图 1-3-1 中把水面看作是水平的,这样就不合理了。由图 1-3-1可知,清水左侧是浑水,密度大,右侧是清水,密度小,如果水面水平,则清水不能平衡,会向右运动。而实际上正好相反,清水上部向左流动,下部受浑水带动向右流动,形成一个环流。因此清水水面必为倒比降,这是造成其推导结果出现矛盾的关键。立面泥沙异重流数学模型模拟结果也说明了入潜处水面倒比降的存在,如图 1-3-2所示。

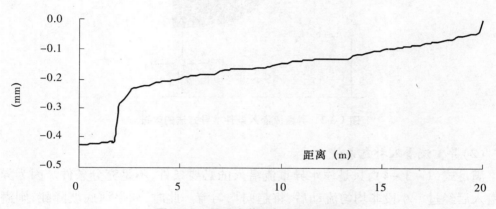

图 1-3-2 异重流潜入点水面倒比降

为了改进已有推导方法,如图 1-3-3 所示,取 $A-A$ 断面和 $B-B$ 断面,列动量方程,由两断面间清水和浑水整体动量平衡,有:

$$\rho' q u_0 + \frac{1}{2}\rho' g h_0^2 = \rho' q u_1 + \frac{1}{2}\rho_0 g (h_0 + \Delta h)^2 + \frac{1}{2}(\rho' - \rho_0) g h_1^2 \quad (1-3-6)$$

上式整理化简为:

$$\Delta h = \frac{1}{k}(k + k^2 - 2Fr_0^2) \cdot \frac{1}{2}\eta_g (h_0 - h_1) \quad (1-3-7)$$

再列 $A-A$ 和 $B-B$ 断面间的能量方程有:

$$\frac{1}{2}u_0^2 + \eta_g \cdot g(h_0 - h_1) = \frac{1}{2}u_1^2 + g\Delta h + \Delta E \quad (1-3-8)$$

此处两断面间的能量损失 ΔE 的形式末知,现假设:

$$\Delta E = \xi \cdot (1-k)\frac{u_1^2 - u_0^2}{2} \quad (1-3-9)$$

则(1-3-7)式变为:

$$\Delta h = \frac{1}{k^2}[2k^2 - (1+\xi-\xi k)(1+k)Fr_0^2] \cdot \frac{1}{2}\eta_g (h_0 - h_1) \quad (1-3-10)$$

由式(1-3-7)与式(1-3-10)相等得：

$$Fr_0^2 = \frac{k^2}{1 + \xi(1 + k)} \tag{1-3-11}$$

当取 $k = 1$ 时，作为异重流潜入的临界入潜条件，则有

$$Fr_0^2 = \frac{1}{1 + 2\xi} \tag{1-3-12}$$

由于异重流入潜时能量损失总是有的，因此 ξ 必大于零，Fr_0^2 必小于1。

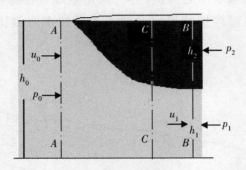

图1-3-3　异重流潜入条件推导方法的改进

（2）异重流潜入补充条件

满足式(1-3-4)，只是浑水异重流潜入的必要条件，不是充分条件。因为异重流潜入后经过一小段非均匀流动后，将趋向均匀流。此时，如果河底坡降陡，则潜入成功；否则，如果河底坡降缓，则转为均匀流后。由于异重流的水深将大于全部水深，异重流就会转入明流，潜入不成功。异重流均匀流动时，异重流的正常水深为：

$$h'_n = \left(\frac{\lambda' q^2}{8g\eta_g J_0}\right)^{\frac{1}{3}} \tag{1-3-13}$$

而按潜入条件式(1-3-3)，异重流潜入点水深应为：

$$h'_0 = \left[\frac{q^2}{0.6\eta_g g}\right]^{\frac{1}{3}} \tag{1-3-14}$$

两者之比为：

$$\frac{h_n}{h_0} = \left(\frac{0.6\lambda'}{8J_0}\right)^{\frac{1}{3}} \tag{1-3-15}$$

欲使潜入后的异重流均匀流的水深不大于 h'_0，即潜入成功，必须

$$\frac{h'_n}{h'_0} = \left(\frac{0.6\lambda'}{8J_0}\right)^{\frac{1}{3}} \leqslant 1$$

即

$$J_0 \geqslant \frac{0.6}{8}\lambda' = J_k \tag{1-3-16}$$

此处，J_k 显然有别于明流时的临界坡度。以下称 $J_0 \geqslant J_k$ 的异重流为陡坡异重流，反之称为缓坡异重流。当 $\lambda' = 0.025$，则

$$J_0 \geqslant 0.00188 = J_k$$

也就是说，此时异重流潜入成功的条件，只需要满足式（1-3-4），而当 $J_0 \leqslant 0.00188$ 时，尚需满足

$$h \geqslant h_n = \left(\frac{\lambda'}{8g\eta_g} \frac{q^2}{J_0} \right)^{\frac{1}{3}} \qquad (1-3-17)$$

综上所述，在一般条件下，异重流潜入的条件是：

$$h \geqslant \mathrm{mod}(h'_0, h'_n)$$

即异重流潜入点的（明流）水深 h，必须大于 h'_0 和 h'_n 中最大的。由于一般大河的坡降 J_0 均小于 J_k，故一般能满足式（1-3-17）。当 $\lambda' = 0.025$ 时，则由式（1-3-17）得到修正福氏数：

$$Fr_n^2 \leqslant \frac{u_n'^2}{\eta_g g h_n} = \frac{8J_0}{\lambda'}$$

由于异重流潜入时阻力的存在，当浑水水深刚好等于异重流正常水深时是不能潜入的，因此上式应写为：

$$Fr_n^2 < \frac{8J_0}{\lambda'} \qquad (1-3-18)$$

其实一些缓坡（$J_0 \leqslant J_k$）水库，异重流潜入点的修正福氏数 Fr_0^2 有小于 0.6 的。例如，三门峡水库，异重流潜入点的 Fr_0^2 一般在 0.6 ~ 0.1。

1.3.2 立面二维泥沙异重流数值模拟

（1）基本方程与计算方法

曲线正交坐标下异重流运动方程为：

$$\frac{\partial}{\partial \xi}(Bug_\eta) + \frac{\partial}{\partial \eta}(Bvg_\xi) = 0$$

$$\frac{\partial u}{\partial t} + \frac{u}{g_\xi}\frac{\partial u}{\partial \xi} + \frac{v}{g_\eta}\frac{\partial u}{\partial \eta} + \frac{uv}{g_\xi g_\eta}\frac{\partial g_\xi}{\partial \eta} - \frac{v^2}{g_\xi g_\eta}\frac{\partial g_\eta}{\partial \xi} + \frac{1}{\rho g_\xi}\frac{\partial P}{\partial \xi} - \varepsilon\left(\frac{1}{g_\xi}\frac{\partial A}{\partial \xi} - \frac{1}{g_\eta}\frac{\partial B}{\partial \eta}\right) = g \cdot \cos\theta\left(\frac{1.65 \cdot S}{2650} + 1.0\right)$$

$$\frac{\partial v}{\partial t} + \frac{u}{g_\xi}\frac{\partial v}{\partial \xi} + \frac{v}{g_\eta}\frac{\partial v}{\partial \eta} + \frac{uv}{g_\xi g_\eta}\frac{\partial g_\eta}{\partial \xi} - \frac{u^2}{g_\xi g_\eta}\frac{\partial g_\xi}{\partial \eta} + \frac{1}{\rho g_\eta}\frac{\partial P}{\partial \eta} - \varepsilon\left(\frac{1}{g_\eta}\frac{\partial A}{\partial \eta} - \frac{1}{g_\xi}\frac{\partial B}{\partial \xi}\right) = -g \cdot \sin\theta\left(\frac{1.65 \cdot S}{2650} + 1.0\right)$$

$$(1-3-19)$$

式中：ξ, η 为曲线正交坐标；g_ξ, g_η 为曲线正交坐标变换系数；u, v 为运动速度；S 为水流含沙量；P 为压力；θ 为 ξ 方向与水平方向夹角；B 为断面河宽。

异重流泥沙连续方程为：

$$\frac{\partial(BuS_l g_\eta)}{\partial \xi} + \frac{\partial(B(v - \omega_l)S_l g_\xi)}{\partial \eta} - \frac{\partial}{\partial \xi}\left(\varepsilon B \frac{g_\eta}{g_\xi}\frac{\partial S_l}{\partial \xi}\right) - \frac{\partial}{\partial \eta}\left(\varepsilon B \frac{g_\xi}{g_\eta}\frac{\partial S_l}{\partial \eta}\right) = 0$$

$$(1-3-20)$$

式中：S_l 为分组含沙量；S_l^* 为分组挟沙能力；ω_l 为沉速。

水流运动方程组（1-3-19）和异重流连续方程（1-3-20）采用非联立的办法交替求解。

（2）三峡水库异重流形成条件研究

三峡水库运用几年来，汛期含沙量较小，流量 $30000\mathrm{m}^3/\mathrm{s}$ 时含沙量也只有 $1.2\mathrm{kg/m}^3$ 左右，库区断面平均宽度按 $500\mathrm{m}$ 考虑，则要使 $Fr_0^2 < 0.60$，则平均水深应大于 $95\mathrm{m}$，按汛限水位 $145\mathrm{m}$，则平均河床高程应在 $50\mathrm{m}$ 以下。根据三峡水库河道地形条件，则只有距坝 $80\mathrm{km}$ 以内的断面，水深才能满足异重流潜入的必要条件。但入库泥沙运动到距坝 $80\mathrm{km}$ 时，由于沿程淤积，含沙量已大为减小，因此，距坝 $80\mathrm{km}$ 处也不可能满足异重流潜入条件。

距坝 $80\mathrm{km}$ 以内，汛期流量 $30000\mathrm{m}^3/\mathrm{s}$ 时含沙量以 $0.6\mathrm{kg/m}^3$ 考虑，库区断面平均宽度按 $600\mathrm{m}$ 考虑，要使 $Fr_0^2 < 0.60$，则平均水深应大于 $105\mathrm{m}$，则只有距坝 $45\mathrm{km}$ 以内的断面，水深才能满足异重流潜入的必要条件。同时三峡库区河床比降大于 $1.88‰$，为陡坡异重流，满足形成均匀异重流的补充条件。因此，根据形成异重流的经验公式判断，三峡库区近坝段有形成异重流的可能性。但因距坝较近时受大坝出流口水流三维性影响较大，实际上已难以形成异重流。数学模型研究说明了这一点，实际观测也尚未观测到明显的异重流。

图 1-3-4（a）与图 1-3-4（b）为不同水流条件下异重流数学模型计算的坝前河段流速分布。可见表面水流仍有较大流速，但底部流速也明显增大。离开坝前约 $3\mathrm{km}$ 范围，中间水流层有局部范围的缓流区，说明坝前河段水流还是受到了含沙量的影响，可以看做是一种非典型形式的异重流。

图 1-3-5（a）与图 1-3-5（b）为不同水流条件下对应的计算坝前河段含沙量分布。可见表面水流有一定含沙量，下层水流含沙量较大，与典型异重流表面基本为清水的形式完全不同。相对来说，图 1-3-5（b）因流量较小，含沙量更集中于下层些。从含沙量分布来说，分布比较复杂，也没有形成典型异重流。

（3）三峡水库坝前异重流观测分析

三峡水库蓄水运用后，对坝前河段进行了异重流观测，观测都在汛期进行，几次观测流量都较大。主要观测项目包括垂线上水温分布、流速分布与含沙量分布，这些都是与异重流形成及运动有关的项目。从观测结果看，垂线上水温分布基本是均匀的，因此对异重流形成与运动基本没有影响。

图 1-3-6 为距坝约 $14\mathrm{km}$ 的 S39-1 断面上观测的流速分布。由图可见，垂线上流速分布基本上是正向的，流速分布不是很规则，但基本保持了水面流速大、下层流速小的分布规律。其中大流量 $41400\mathrm{m}^3/\mathrm{s}$ 时（含沙量约 $0.6\mathrm{kg/m}^3$），中间层流速较小，说明此时坝前水流的流速分布受到了含沙量的影响，亦即具有非典型异重流流速分布的性质。图中流量 $21700\mathrm{m}^3/\mathrm{s}$ 时（含沙量约 $0.2\mathrm{kg/m}^3$），中间层流速没有减小，说明此时坝前水流的流速分布受含沙量的影响小，不具有非典型异重流流速分布的性质。

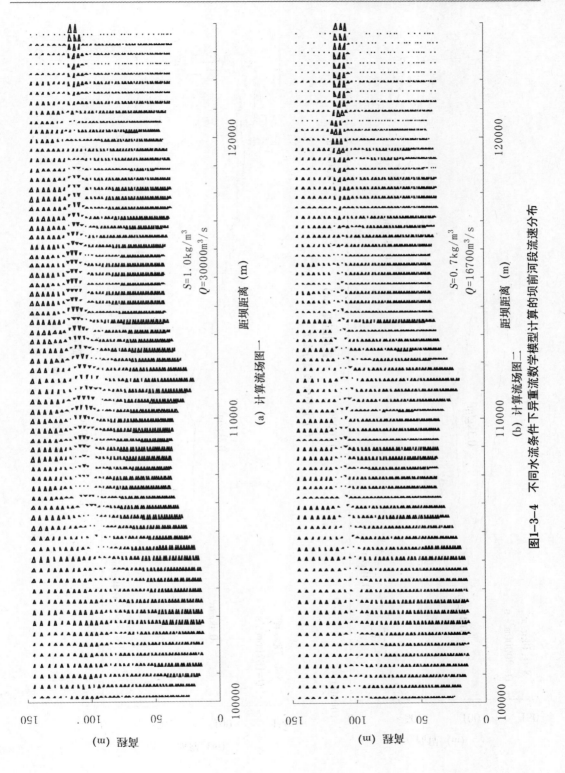

$S=1.0\mathrm{kg/m^3}$
$Q=30000\mathrm{m^3/s}$

(a) 计算流场图一

$S=0.7\mathrm{kg/m^3}$
$Q=16700\mathrm{m^3/s}$

(b) 计算流场图二

图1-3-4 不同水流条件下异重流数学模型计算的坝前河段流速分布

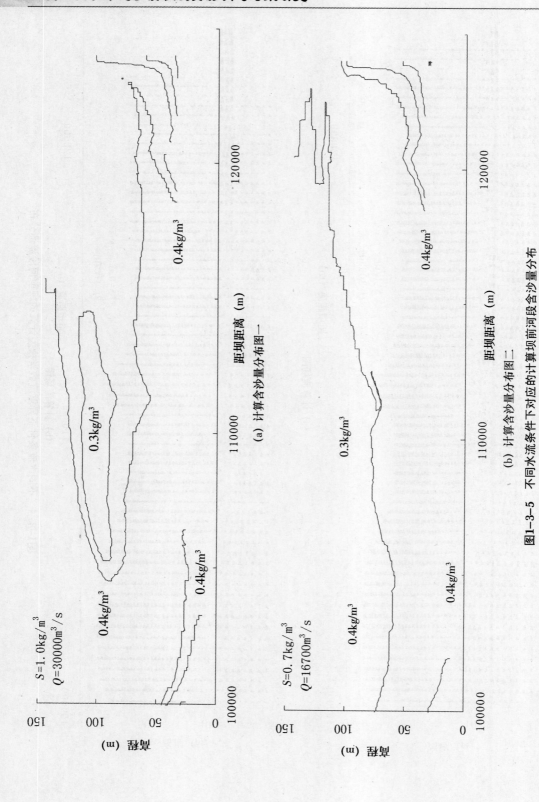

(a) 计算含沙量分布图一

(b) 计算含沙量分布图二

图1-3-5 不同水流条件下对应的计算坝前河段含沙量分布

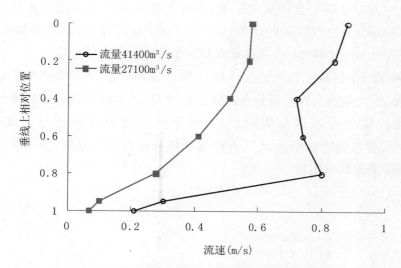

图 1-3-6　S39-1 断面上观测垂线流速分布图

图 1-3-7 为 S39-1 断面上观测的含沙量分布。由图可见,垂线上含沙量分布总体比较均匀,这也说明没有形成典型异重流。但垂线上含沙量分布不是很规则,也不同于天然河道含沙量分布规律。流量 41400m³/s(含沙量约 0.6kg/m³)和流量 21700m³/s 时(含沙量约 0.25kg/m³),含沙量分布特点没有明显差别,说明坝前含沙量垂线分布规律较复杂。

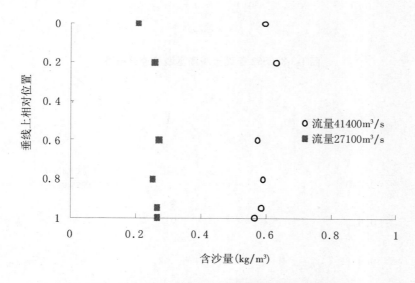

图 1-3-7　S39-1 断面上观测垂线含沙量分布图

图 1-3-8 为距坝约 40km 的 S52 断面上观测的流速分布。由图可见,垂线上流速分布都是正向的,流速分布比更接近坝前的 S39 − 1 要规则些,水面流速较大,下层流速较小。其中大流量 41400m³/s 时(含沙量约 0.6kg/m³),中间层流速较小,说明此

时水流的流速分布受到了含沙量的影响,亦即具有非典型异重流流速分布的性质。图中流量21700m³/s时(含沙量约0.2kg/m³),中间层流速没有减小,说明此时水流的流速分布受含沙量的影响小,不具有非典型异重流流速分布的性质。

图1-3-9为S52断面上观测的含沙量分布。由图可见,流量21700m³/s时(含沙量约0.25kg/m³),垂线上含沙量分布总体比较均匀,这也说明没有形成典型异重流。但垂线上含沙量分布不是很规则,也不同于天然河道含沙量分布规律。流量41400m³/s时(含沙量约0.6kg/m³),含沙量垂线分布规律较复杂,很不规则,说明此时受非典型异重流影响明显。

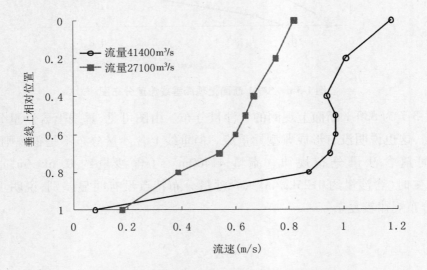

图1-3-8　S52断面上观测垂线流速分布图

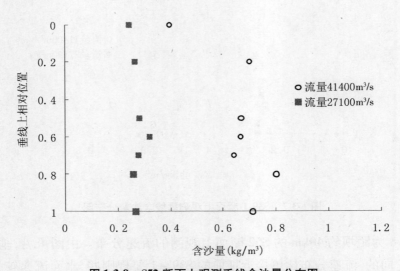

图1-3-9　S52断面上观测垂线含沙量分布图

（4）近坝河段水流三维特性对泥沙淤积的影响

三峡工程电站引水口高程在90m左右,比河底高程高出约60m,水流三维特性明显。为了说明近坝河段水流特性对泥沙淤积的影响,这里比较了两种情况下的计算河段淤积量。一种是实际的由电站引水口和泄洪孔口出流的情况(有出流口影响),另一种是假定坝前水流符合天然流速分布的情况(无出流口影响)。

图1-3-10是有出流口影响和没有出流口影响时计算坝前河段淤积分布。可见,有出流口影响时,坝前约13km范围淤积量明显增加,比不受出流口影响时增加约4300万m³。这可以说明,坝前约13km范围内淤积量比原来一维预测结果明显偏大,这主要是由于坝前段水流的特性,即出流口口门高程较高造成的。

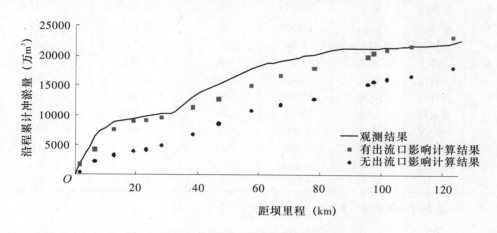

图1-3-10 坝前水流特性对淤积量的影响

1.4 变动回水区悬移质和推移质运动规律研究

1.4.1 金沙江下游干支流推移质

金沙江下游泥沙问题突出,干流河谷地区的输沙模数在3000t/(km²·a)以上,是长江上游水土流失最严重的地区,是三峡水库入库泥沙的主要来源。为了研究三峡水库推移质沙量来源问题,进行了金沙江下游干支流床沙级配观测、岩性组成分析和其他资料收集工作。根据现场收集到的资料,对金沙江下游干支流推移质输沙进行了分析研究。

（1）金沙江下游干支流概况

长江干流上游自青海玉树至四川宜宾称金沙江,流经青、藏、川、滇四省区。从河源至宜宾全长3464km,流域面积47万km²。雅砻江汇口以下至宜宾为金沙江下游,河口多年平均流量4920m³/s,年径流量1550亿m³。同时,金沙江又是长江上游泥沙最多的河流,多年平均悬移质输沙量2.47亿t,约占长江上游输沙量的47%。攀枝花至宜宾为金沙江下游段,全长约770km,金沙江下游区间集水面积8.5万km²,占全流域面积的 18%；多年平均来水量 405 亿 m³，占流域总径流量的 27%；多年平均悬移质来沙量 1.7 亿 t，占流域总输沙量的 2/3；多年平均含沙量 4.3kg/m³，为上游地区的 6 倍；平均输沙模数 2060t/（km²·a），约为上游区的 10 倍，远大于长江上游地区的平均输沙模数。可见，金沙江的泥沙主要是产生在下游区，并主要来自渡口、雅砻江汇口至屏山的干流区间，表 1-4-1 为金沙江下游干支流水沙特征情况。

表 1-4-1　　　　　　　　　金沙江下游干支流水沙特征值

序号	河名	测站	集水面积		年均含沙量	年均输沙模数
			km²	占流域（%）	kg/m³	t/（km²·a）
1	金沙江	渡口	259177	55	0.76	142
2	雅砻江	小得石	118924	93	0.54	232
3	龙川江	小黄瓜园	5560	86	5.33	662
4	金沙江	龙街	423202	89	0.802	222
5	小江	小江	2116	68	5.29	2958
6	金沙江	巧家	450696	95	1.34	359
7	黑水河	宁南	3074	84	1.73	1230
8	牛栏江	小河	10870	82	3.06	1076
9	美姑河	美姑	1607	50	1.80	1180
10	金沙江	屏山	458590	97	1.71	501
11	横江	横江	14781	99	1.48	920

＊注：本表数据主要摘自向家坝水电站可行性研究报告

河流推移质运动是泥沙研究的难题之一，以前金沙江下游干支流推移质既缺少观测资料也没有系统的调查资料，直到 2007 年在雅砻江汇口下建立三堆子水文站，才第一次在金沙江下游河段开展了推移质测验工作。之前，为了满足溪洛渡水电站设计需要，成都勘测设计院通过水槽试验研究了金沙江下游段推移质输沙量。支流推移质输沙量也有一些实验与推算成果，如雅砻江二滩推算年推移质输沙量为 67 万 t，安宁河卵石推移质输沙量为 29.7 万 t 等。此外，金沙江下游干支流推移质问题还有一些其他单位和学者做过研究工作。

（2）推移质调查情况

推移质输沙调查主要进行了床沙级配取样分析和岩性观测，包括组成物中不同粒径组卵石的优势岩性与比例、卵石的几何形态、卵石磨圆度等。

干流取样分析点有 6 个，分别位于金沙江下游进口段（攀枝花水文站上）、规划的乌东德库区（鱼鲊渡口下）、白鹤滩库区（华弹水文站下）、溪洛渡库区（上田坝河段）、向家坝库区（大岩洞）和金沙江下游出口河段（三块石）。每个点都取表层和下层两层样品，粒径小于 64mm 的砂卵石级配曲线如图 1-4-1 和图 1-4-2 所示。

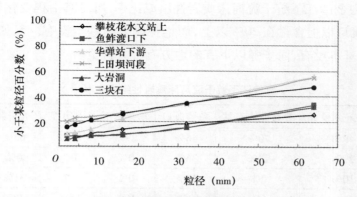

图 1-4-1 干流床沙级配(表层)

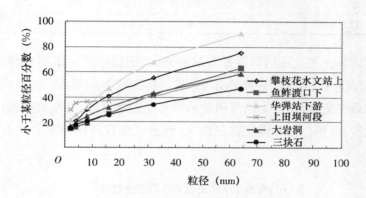

图 1-4-2 干流床沙级配(下层)

由图可以看出,表层和下层床沙小于 64mm 的砂卵石级配分布不均匀。表层大于 64mm 的沙卵石占 45% ~75% ,下层大于 64mm 的砂卵石占 10% ~55% ,比上层明显小,说明表层卵石粗化明显。小于 2mm 的沙占 15% ~20% ,不同的取样点差别都不大。

图 1-4-3 所示是干流表层和下层中值粒径,中值粒径沿程并没有规律的粗化或细化现象。

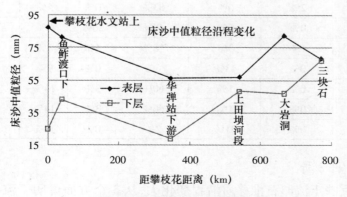

图 1-4-3 干流床沙中值粒径

表 1-4-2 为金沙江下游干流河床质岩性组成比率,可见其沿程变化较大。如花岗岩含量,鱼鲊渡口以上含量在 20% 以上,而华弹以下则基本没有。又如石灰岩含量,鱼鲊渡口以上基本没有,而华弹以下有的地方有较大含量。

表 1-4-2 　　　　　　　　　　金沙江下游干流河床质岩性组成比率

	攀枝花水文站	攀枝花火车站	鱼鲊渡口	华弹站下	上田坝	大岩洞	三块石
砂岩	49%	70%	46%	29%	57%	66%	44%
花岗岩	29%	20%	36%	0%	0%	0%	0%
玄武岩	10%	0%	17%	0%	7%	31%	28%
石灰岩	0%	6%	0%	46%	26%	0%	23%
白云岩	0%	0%	0%	11%	6%	3%	0%
其他	12%	4%	1%	14%	4%	0%	5%

金沙江下游各主要支流河口段都有取样点,其表层床沙中值粒径和岩性组成如表 1-4-3 所示。由表 1-4-3 可见,不同支流河床质岩性组成差别很大。如花岗岩含量,只在乌东德库区 3 条支流雅砻江、龙川江和勐果河有一定含量,而乌东德坝址以下则基本没有。又如玄武岩,以牛栏江和横江含量最大,雅砻江和普隆河也有一定含量,其他支流则含量很小。

表 1-4-3 　　　　　　　　　　金沙江下游支流河床质岩性组成

	砂岩	花岗岩	玄武岩	石灰岩	白云岩	其他	中值粒径(mm)
雅砻江	35%	31%	14%	0%	0%	20%	65
龙川江	78%	17%	0%	0%	0%	5%	43
勐果河	82%	3%	0%	1%	0%	14%	34
普隆河	28%	6%	9%	40%	0%	17%	8.2
鲹鱼河	89%	0%	0%	0%	0%	11%	66
普渡河	14%	0%	0%	34%	41%	11%	70
小江	10%	2%	0%	83%	0%	5%	15
以礼河	26%	0%	6%	40%	26%	2%	44
黑水河	76%	1%	3%	18%	1%	1%	60
牛栏江	42%	0%	43%	6%	0%	9%	31
美姑河	22%	0%	1%	60%	3%	14%	68
西宁河	22%	0%	1%	60%	3%	14%	57
横江	57%	0%	31%	2%	0%	10%	22

(3)调查资料分析

调查资料反映干流卵石推移质沿程变化大,从 3 个方面说明干流卵石推移质向下输移距离不是很长的原因。第一,从表 1-4-2 金沙江下游干流河床质岩性组成比率沿程变化可以看出,河床质岩性沿程变化较大,不同河段岩性相差较大,说明卵石推移质向下输移距离不长。第二,由图1-4-3干流表层和下层中值粒径沿程变化可以看出,中值粒径沿程没有规律的粗化或细化现象,也说明卵石推移质向下输移距离不长,同时干流推移质得到了沿程支流推移质的较快补充,否则干流河床质会因向下输移过程中的磨损和分选而细化。第三,从干流卵石的平均磨圆度沿程变化看,以粒径介于32~64mm河床质中最常见的砂岩为例,攀枝花取样点圆和次圆的比例为45%和55%,至鱼鲊码头为72%和28%,至华弹为55%和45%,至上田坝为75%和25%,至大岩洞为70%和30%,至三块石比例为50%和50%。可见,卵石的平均磨圆度沿程变化没有明显规律性增加的现象,也说明卵石推移质向下输移距离不长。

卵石推移质向下输移距离不长,主要是由于卵石推移质沿程磨损较快。根据已有研究,推移质磨损主要表现为卵石运动中与河床的摩擦和相互间的撞击磨损,根据史当贝(H. Sternberg)的研究,卵石的磨损可用指数公式表示:

$$W = W_0 e^{-CL}$$

式中:W_0为初始重量,W为运行距离L后的重量,C为磨损系数。

上式反映了卵石推移质卵石运动过程中自身受到的磨损,可称为运动磨损。而基本不能被水流带动的大卵石受接触到的其他运动的推移质的磨损,与河床所受到的磨损类似,可称为被动磨损。这能解释山区河道,特别是其上游段,两岸不断有巨石入河道,而河道最终并没有巨石累积的现象。图1-4-4为在鲹鱼河河口段岸边观察到的一块巨石的磨损情况,从照片可以看到,该巨石的迎水一侧已被磨损得相当严重,而其背水一侧则还完全是粗糙未被磨损的,可见大石块受到的被动磨损是相当大的。被动磨损应与其所在位置的推移质单宽输沙率成正相关,并与受到磨损的时间成正比。

图1-4-4 岸边巨石受到被动磨损

（4）干流卵石推移质输沙量沿程变化

2007年攀枝花三堆子站开始观测推移质，观测推移质输沙量为28.6万t。由于2007年沙量偏小，换算成多年平均后应为35.6万t左右。此时雅砻江二滩水电站已运行多年，由于雅砻江水量几乎占三堆子站水量的一半，可以推测：二滩电站运行前，天然情况下三堆子站推移质量应较多。由于金沙江下游只有三堆子站有推移质观测，为了分析干流卵石推移质输沙率沿程变化，我们再往下游与川江的推移质观测资料进行对比。如朱沱站和寸滩站多年平均卵石推移量分别为27万t和22.5万t，都比三堆子站卵石推移量小，而且从上至下呈递减趋势。根据刘黎明等调查，至重庆河段，河床卵石以石英和石英砂岩占优势，与金沙江下游差别很大。

沿程支流推移质入汇量也没有实测资料，但一些主要支流在修建水电站时有些计算或水槽试验得到的数据，如表1-4-4所示。由表可见，沿程支流入汇的推移质量是很大的，使得干流沿程推移质在运动过程中得到了不断补充。

表1-4-4　　　　　　　　金沙江下游部分支流入汇推移质估算数据

序号	河名	推移质输沙量（万t）	
1	雅砻江	67.0	二滩水电站设计报告
2	安宁河	29.7	湾滩水电站设计报告
3	龙川江	4.3	
4	小江	19.7	水槽试验
5	牛栏江	45.8	

金沙江下游推移质调查资料反映出卵石推移质向下游输移过程中沿程床沙岩性组成变化大，粒径没有规律性粗化或细化，说明卵石推移质磨损大，干流卵石推移质向下游输移距离不是很远，沿程得到了支流推移质的较快补充。但由于调查取样点不是很多，难以通过调查资料分析得到金沙江下游推移质输移规律的定量数据，有待以后进一步进行研究。

1.4.2　三峡水库入库推移质沙量

（1）观测入库推移质沙量

三峡水库入库段寸滩水文站位于长江干流和嘉陵江汇合口下游7.5km的重庆市江北区寸滩镇，也是三峡水库的入库控制站。寸滩站1966年正式开展卵石推移质测验，积累了大量的实测资料。目前寸滩站采用Y64型采样器施测卵石推移质。在20世纪80年代三峡工程论证期间，通过对朱沱站1975—1984年、寸滩站1966—1984年实测卵石推移质资料分析，认为三峡水库入库卵石推移量随时间无系统增大或减少趋势。但是，随着资料的日渐积累，发现近20年来寸滩站卵石推移量明显减小。寸滩站多年平均卵石推移量及粒径分组推移量统计成果见表1-4-5。通过对寸滩站

（1966—2001 年）年径流量与推移量双累积曲线的分析,可以大体看出寸滩站 1981 年前后双累积曲线明显分成两部分,后期卵石推移量明显减小,如图 1-4-5 所示。

表 1-4-5　　　　　　　　　寸滩站多年平均卵石推移量及粒径分组推移量

粒径(mm)分组推移量(万 t)							合计
10 ~ 16	16 ~ 32	32 ~ 64	64 ~ 100	100 ~ 150	150 ~ 200	> 200	
1.67	5.42	8.44	4.68	1.89	0.38	0.02	22.5

＊注:统计年份 1966—2001

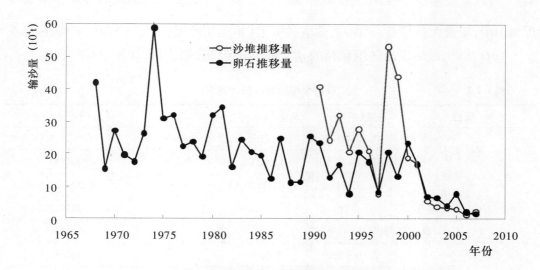

图 1-4-5　　长江寸滩站卵石和沙质推移质输沙量变化

（2)寸滩卵石河床上沙质推移质数量估计

寸滩站水力因素很强,韩其为等根据寸滩水文站 1966 年的各次卵石推移质测验中断面相应的平均水深、平均流速得到 V、h、D 的数据如表 1-4-6 所列。其成果表明平均水深在 6.0 ~ 19.6m 时,平均流速达 2.20 ~ 2.90m/s,相应的 $u_* = 0.108 ~ 0.196$m/s。

表 1-4-6　　　　　　　　　　　　　寸滩站水力因素

$D_l(\mathrm{m})$	$h(\mathrm{m})$	$V(\mathrm{m/s})$	$J(‰)$	$u_* = \sqrt{ghJ}\,(\mathrm{m/s})$
0.066	6.0	2.20	2	0.108
0.100	8.9	2.40	2	0.132
0.131	12.6	2.60	2	0.157
0.164	17.2	2.80	2	0.184
0.180	19.6	2.90	2	0.196

根据泥沙运动统计理论,将 $0.1 \sim 1.0$ mm 泥沙颗粒分成三组($0.1 \sim 0.25$,$0.25 \sim 0.5$,$0.5 \sim 1.0$),研究它们在床面处于静止、推移及悬浮的情况,以及跳跃调度等参数。最后由单宽输沙率

$$q_{b.l} = \sum P_{4.l} S_{B.b.l} \Delta V_b$$

可求出推移质总输沙量:

$$Q_b \approx T \times B \times q_b$$

式中:$P_{4.l}$ 为悬移质级配;V_b 为推移质速度,取 $V_b = 3.73u_* = 0.746$ m/s;Δ 为跳跃高;T 为推移质输沙时间;B 为平均河宽。经计算 $\dfrac{\Delta}{D}$ 不超过 10,据此取沙质推移质厚度为 $10D$,按最大粒径 $D_M = 1$ mm,则取跳跃高(推移质厚度)为 $\lambda = 10D_M = 10$ mm。按 $\Delta = 10D$ 估计,最后求出各组粒径的 $q_{B.l}$ 和沙质推移质输沙量,如表 1-4-7 所示。

表 1-4-7　　　　　　　　沙质推移质输沙量计算表

项目	粒径组(mm)	$S_{B.b.l}$(kg/m³)	$P_{4.l}$	$q_{B.l}$(kg/m·s)
多年平均 $B = 700$ m $T = 365$ 天	$0.10 \sim 0.25$	3.7109	0.093	0.002575
	$0.25 \sim 0.50$	12.0245	0.05	0.004485
	$0.50 \sim 1.0$	47.3500	0.001	0.000353
	合计			0.007413
$Q_b \approx T \times B \times q_b$（$10^4$t）				16.364
1961—1974 年	汛期平均 $B = 800$ m $T = 184$ d	$0.10 \sim 0.25$	4.6639	0.1165	0.004053
		$0.25 \sim 0.50$	15.1123	0.0538	0.006065
		$0.50 \sim 1.0$	59.5092	0.0027	0.001199
		合计			0.01132
	$Q_b \approx T \times B \times q_b$（$10^4$t）				14.397
	非汛期平均 $B = 600$ m $T = 181$ d	$0.10 \sim 0.25$	0.4306	0.1907	0.000613
		$0.25 \sim 0.50$	1.3952	0.083	0.000864
		$0.50 \sim 1.0$	5.4941	0.0057	0.000234
		合计			0.00171
	$Q_b \approx T \times B \times q_b$（$10^4$t）				1.6045
Q_b 总计（10^4t）				16.001
近 10 年(1991—2000 年) 平均 $B = 700$ m $T = 365$ d	$0.10 \sim 0.25$	3.2265	0.093	0.002239
	$0.25 \sim 0.50$	10.4549	0.05	0.003900
	$0.50 \sim 1.0$	41.1692	0.001	0.000307
	合计			0.006445
$Q_b \approx T \times B \times q_b$（$10^4$t）				14.23

由上表可以看出,多年年平均含沙量与多年悬移质级配计算的寸滩站沙质推移质多年平均输沙量均为 16.36 万 t;如果利用推算的 1961—1970 年汛期含沙量和非汛期含沙量与汛期和非汛期悬移质级配计算,可得出寸滩站沙质推移质年平均输沙量为 16.001 万 t,其中 5—10 月汛期推移量为 14.397 万 t,占 89.97%。这说明寸滩站沙质推移质多年年平均输沙量相对比较稳定,其随时间的分布与实际情况也基本符合。

此外,由表还可以看出,0.25～0.5mm 粒径组是沙质推移质的主要组成部分,表中各种计算状态下 0.25～0.5mm 粒径组输沙量占 50.5%～60.5%;0.1～0.5mm 粒径组输沙量占 86.3%～95.2%。而实测资料表明沙质推移质主要由粒径 0.125～0.5mm 的中粗沙组成,其含量约占总输移量的 86%,这和我们的计算结果是一致的。

1.4.3 变动回水区河段走沙规律观测资料分析

(1)重庆河段天然河道走沙规律

近年重庆主城区河段年际间有冲有淤,总体表现为冲刷。1980 年 2 月至 2007 年 12 月,28 年累计冲刷了 1820 万 m³,其中 1980 年 2 月至 2002 年 12 月冲刷了 728 万 m³,2002 年 12 月至 2007 年 12 月冲刷了 1090 万 m³。从冲刷强度分布看,长江干流上、下段 1980 年至 2007 年年均冲刷强度分别为 1.26 万 m³/(km·a)、0.82 万 m³/(km·a),嘉陵江段为 1.0 万 m³/(km·a)。从冲淤年内分布来看,重庆主城区河段 2003—2007 年各年内有冲有淤,总体上可分为 3 个阶段:年初至汛初一般为冲;汛期有冲有淤,总体为淤;汛末至年底,河床有冲有淤,总体为冲。

从冲淤量的滩槽分布来看,以枯水期 2-3 月份多年平均枯水流量 $Q_寸/Q_朱/Q_北 = 3000/2600/400m·s^{-1}$ 的水边线为标准,水边线以内河床冲淤量称为主槽冲淤量,水边线以外河床的冲淤量称为边滩冲淤量。按此标准将河床全断面分成滩和槽两部分计算冲淤量。

表 1-4-8 为重庆主城区全河段滩槽冲淤量成果。由表可见,除 2004 年表现为"滩槽均冲"外,2003、2005、2006、2007 四年则均表现为"滩淤槽冲"。2003—2007 年重庆主城区河段主槽累计冲刷泥沙 1400 万 m³,边滩则淤积泥沙 311 万 m³。

表 1-4-8	重庆主城区全河段滩槽冲淤量变化表					(单位:10⁴m³)
年份	部位	年初至汛前	汛期	汛末至年底	全年	滩槽合计
2003	滩	−11.1	+290.8	−15.9	+263.8	176.0
	槽	−507.8	+312.8	−244.8	−439.8	
2004	滩	−346.8	+394.9	−251.6	−203.5	−509.7
	槽	−217.5	+329.7	−418.4	−306.2	

年份	部位	年初至汛前	汛期	汛末至年底	全年	滩槽合计
2005	滩	−89.2	+760.4	−551.4	+119.8	−305.1
	槽	−56.0	+269.9	−638.8	−424.9	
2006	滩	−19.7	+142.2	−68.3	+54.2	+10.6
	槽	−3.4	+122.8	−163.0	−43.6	
2007	滩	−16.2	+103.8	−10.7	+76.9	−109.2
	槽	−77.5	−9.1	−99.5	−186.1	
5年累计	滩	−483.0	+1692.1	−897.9	+311.2	−1089.4
	槽	−862.2	+1026.1	−1564.5	−1400.6	

由于重庆主城区河段各年来水来沙条件、汛期不同部位淤积量大小等条件不同,汛后走沙过程与走沙量各异。除猪儿碛河段外,其他3个河段9月中旬至9月30日的走沙量占9月中旬至12月中旬走沙总量的35.6%~44.5%,平均为40.0%;9月中旬至10月15日走沙量占9月中旬至12月中旬走沙总量的70.7%~73.6%,平均为71.8%。因此,9月中旬至10月中旬是汛后重庆主城区河段的主要走沙期。

重庆主城区河段年内有冲有淤,汛期流量大、水位高,水流漫滩,主流趋直,加上铜锣峡壅水等影响,在河道开阔段以及缓流、回流区,泥沙大量淤积,汛末流量逐渐减小,水位逐渐降低,水流归槽,河床发生冲刷。冲刷强度与水位流量存在一定关系,具体见表1-4-9。天然条件下,重庆河段主要走沙期寸滩水位一般为171.6~165.6m,铜锣峡相应水位为170.6~164.9m;次要走沙期寸滩水位一般为165.6~161.1m,铜锣峡相应水位为164.9~160.4m;当寸滩水位低于161.1m,铜锣峡水位低于160.4m后,重庆主城区河段走沙过程基本停止。

表1-4-9　　　　　　　　　重庆主城区河段走沙过程与流量(水位)关系

走沙特性	主要走沙期	次要走沙期	走沙基本停止期
走沙强度($10^4 m^3$/km·d)	1.2~0.5	0.5~0.1	<0.1
走沙流量(寸滩站)	25000~12000	12000~5000	<5000
寸滩站相应水位(m,吴淞)	171.6~165.6	165.6~161.1	<161.1
寸滩站相应流速(m/s)	2.5~2.1	2.1~1.8	<1.8
铜锣峡相应水位(m,吴淞)	170.6~164.9	164.9~160.4	<160.4

虽然河床冲刷强度与流量有一定的关系,但影响冲刷的直接因素是流速。通过寸滩水文断面各级走沙流量、水位及大断面研究成果,计算得出寸滩水文断面相应走沙流

速。当汛末流量为 25000 ~ 12000m³/s 时,寸滩水文断面平均流速为 2.5 ~ 2.1m/s,寸滩河段冲刷强度在 0.5 万 m³/(d·km)以上,此时段为各重点河段主要走沙期;而当流量为 12000 ~ 5000m³/s 时,相应寸滩水文断面平均流速为 2.1 ~ 1.8m/s,冲刷强度在 0.5 ~ 0.1 万 m³/(d·km),此时段为各重点河段次要走沙期;当流量小于 5000m³/s 时,相应寸滩水文断面平均流速小于 1.8m/s,此时段各重点河段走沙基本结束。

(2)156 m 蓄水期变动回水区青岩子河段走沙规律

青岩子河段上起黄草峡、下至剪刀峡,全长约 20 余 km,进出口均为峡谷段,峡谷段之间为宽谷段,其中有金川碛、牛屎碛等两个分汊段,峡谷段最窄河宽约 150m,最大河宽 1500m(图 1-4-6)。

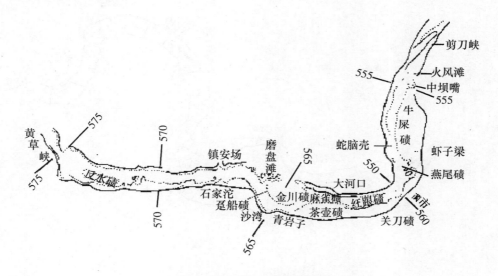

图 1-4-6　青岩子河段河势图

青岩子河段 156m 蓄水期及消落期观测研究范围上起石沱,下至北拱,全长 18.3km,进、出口水文测验断面分别距三峡大坝 519.9km、503.9km,进口断面位于寸滩水文站下游约 77km,出口断面距下游的清溪场水文站约 30km,该河段位于三峡水库 156m 蓄水变动回水区中下段。

三峡水库 156m 蓄水期间,青岩子河段水流变化受上游来水及库区蓄水双重影响,变化较复杂。三峡水库坝前最高蓄水位为 156m、145m 及 139m 时,寸滩站水位差别不大,说明三峡水库 156m 蓄水对寸滩站水位影响很小。当三峡水库坝前最高蓄水位为 156m 时,青岩子河段进、出口断面和清溪场站蓄水期水位明显高于坝前最高蓄水位,说明三峡水库 156m 蓄水青岩子及以下河段会产生壅水现象,并且 3 处的水位在坝前最高蓄水位为 145m 时比 139m 时高,进一步说明三峡水库 156m 蓄水运用后,水位消落至 145m 时,青岩子及以下河段仍有一定的壅水现象。

根据实测资料分析,156m 蓄水期间,青岩子河段存在沙质推移质运动,床沙粒径基本在50mm以上,输沙强度不大。进、出口断面推移宽度分别为380m和450m,推悬比在2.4%左右,沙质推移质日输沙量在0.4万~2.5万t之间,且随流量减小和三峡坝前水位抬高而减小。当10月23日流量减小为10400m³/s,断面平均流量小于0.70m/s时,床沙停止输移。

(3)变动回水区河段冲淤规律模拟研究

采用平面二维泥沙数学模型对三峡水库正常蓄水后变动回水区重庆河段的冲淤变化规律进行了模拟。计算范围为长江干流麻柳湾至铜锣峡口,长约34km,包括支流嘉陵江出口段长约12km,整个计算河段如图1-4-7所示。

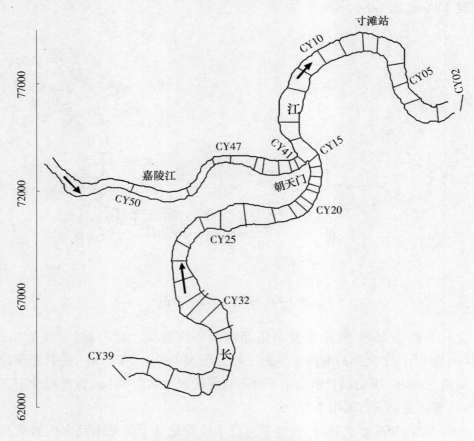

图1-4-7　计算河段示意图

计算河段形态比较复杂,弯道比较多,由于模型计算时考虑了弯道环流,因此计算流场应是比较合理的。计算流速分布与实测分布基本一致,符合得相当好。只是由于地形图切得的断面河宽与实际河宽略有一些差别,因而在岸边的流速点位置与观测不完全一致。除岸边的流速点外,各流量级断面上流速计算与实测相差基本都在10%以内,计算流速分布与实际符合得较好。

二维模型在验证计算符合良好的基础上,采用20世纪90年代水文系列,针对三峡水库蓄水运用后重庆河段的冲淤变化规律进行了计算。

水库蓄水运用后,重庆河段水位抬高,流速有一定程度减小。其中汛期水位抬高不大,因此流速减小不大,流速分布与天然时相差也不大。但水库蓄水期的 10 月至次年 2 月水库维持高水位,计算河段流速较小,基本在 1m/s 左右,流速分布比天然时要均匀。

重庆河段天然情况下汛期有冲有淤,总体以淤积为主,汛后由于来流含沙量小,水流归槽,河段冲刷。三峡水库蓄水后汛期水位抬高不大,但 10 月开始蓄水,最大水位抬高达 10m 以上,汛后河段已不能冲刷。因此蓄水运用后重庆河段出现淤积,蓄水运用初期年均淤积量如表 1-4-10。河段年均淤积约 700 万 m^3,其中小水年份淤积较多。

表 1-4-10		计算河段年末总冲淤量		(单位:万 m^3)
水沙系列年	CY39 ~ CY15 干流朝天门以上	CY50 ~ CY41 嘉陵河段	CZ15 ~ CY02 干流朝天门以下	全河段
1995	228	−1	209	435
1996	78	−69	298	307
1997	645	−74	745	1315
1998	412	39	471	921
1999	554	−49	486	991
2000	660	−206	412	865
1991	792	−132	778	1438

从各河段分布看,其中九龙坡河段由于是弯道出口,放宽段淤积较多,年均淤积 15 万 m^3。朝天门河段淤积主要在河道两边,沿程比较均匀,淤积量与九龙坡河段接近。寸滩河段略有冲刷,年均冲刷 18 万 m^3。金沙碛河段淤积了 7 万 m^3,冲淤分布如图 1-4-8 所示。

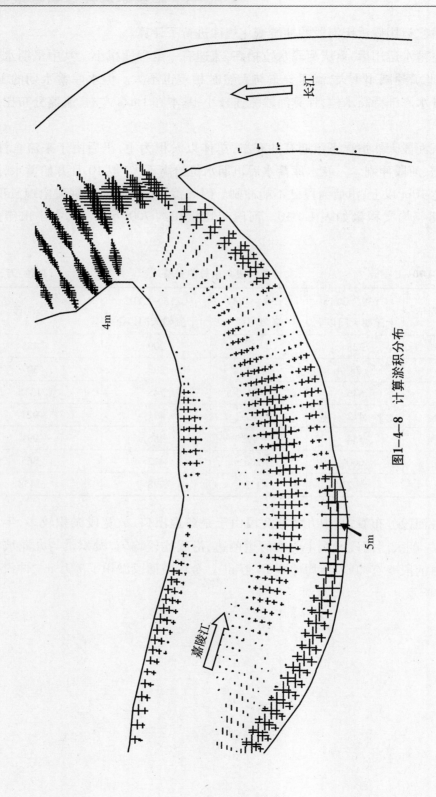

图1-4-8 计算淤积分布

三峡水库蓄水运用后,重庆河段水位抬高,流速有一定程度减小。其中汛期水位抬高不大,因此流速减小不大,流速分布与天然时相差也不大。但水库蓄水期的10月至次年2月水库维持高水位,计算河段流速较小,基本在1m/s左右,流速分布比天然时要均匀。三峡水库至第6年时,重庆河段水流流速似乎并未随河段淤积而增加,图1-4-9为寸滩断面流速分布与运行初期比较。由图可见,汛后水库高水位运行期、水库运行初期和运行至第6年时流速差别不大,但汛期流量较大时有一定差别。

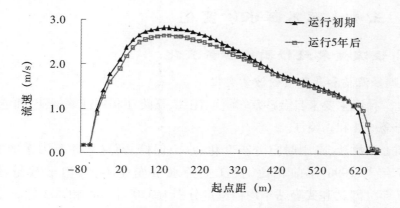

(a)寸滩断面流速分布比较($Q = 15000\text{m}^3/\text{s}$)

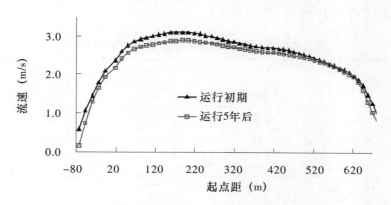

(b)寸滩断面流速分布比较($Q = 32000\text{m}^3/\text{s}$)

图1-4-9 寸滩断面流速分布与运行初期比较示意图

2 三峡水库库区泥沙淤积影响与蓄水进程研究

2.1 三峡水库入库水沙变化

2.1.1 径流量和悬移质输沙量变化

（1）近期径流量和悬移质输沙量变化

长江上游径流主要来自金沙江、岷江、沱江、嘉陵江和乌江等河流,而悬移质泥沙主要来源于金沙江和嘉陵江。

受水利工程拦沙、降雨时空分布变化、水土保持、河道采砂等因素的综合影响,1991—2007 年与 1990 年前相比,长江上游水量变化不大,但输沙量减少明显。1991—2007 年寸滩站和武隆站年均径流量分别为 3307 亿 m^3 和 502 亿 m^3,悬移质输沙量分别为 2.83 亿 t 和 0.163 亿 t,与 1990 年前相比,径流量减小均不明显,但输沙量则分别减少约 39% 和 46% ,详见表 2-1-1。

表 2-1-1 三峡上游主要水文站径流量和输沙量与多年均值比较

项目		金沙江	岷江	沱江	嘉陵江	长江	乌江
		屏山	高场	富顺	北碚	寸滩	武隆
集水面积（km^2）		458592	135378	23283	156142	866559	83035
径流量 （10^{8}m^3）	1950—2007 年	1452	860	121	660	3458	497
	1950—1990 年	1440	882	129	704	3520	495
	1991—2007 年	1482	807	101	554	3307	502
	变化率	3%	−9%	−22%	−21%	−6%	2%
输沙量 （10^{4}t）	1950—2007 年	24200	4710	909	10400	40900	2630
	1950—1990 年	24600	5260	1170	13400	46100	3040
	1991—2007 年	23300	3380	280	3180	28300	1630
	变化率	−5%	−36%	−76%	−76%	−39%	−46%

注：* 1950—1990 年水沙统计值为三峡水库初步设计值

图 2-1-1 为三峡水库上游主要控制站历年径流量和输沙量的变化及各站 1991—2007 年月均径流量及输沙量与 1990 年前的对比情况。由图可见,除屏山站 9—11 月径流量略有增加外,其余各站 9—11 月径流量减少非常明显,其中高场站减少 34.4 亿 m^3（减幅

13.0%),北碚站减少75.2亿 m³(减幅31.5%),分别占全年减水量的54.4%和49.7%。

寸滩站9月、10月、11月平均流量分别减小3370m³/s、1900m³/s、540m³/s,减幅分别为14.9%、12.7%、6.9%,9—11月总水量减小152.2亿 m³(减幅12.8%),占全年减水量的77.6%。武隆站虽年径流量变化不大,但9—11月水量减少21.8亿 m³(减幅18.6%)。

对于沙量来说,除金沙江屏山站变化不大外,长江上游干流、支流各站输沙量均呈减小趋势,其中以7—9月减小最为显著,其中:高场站7—9月输沙量减小0.146亿 t(减幅33.4%),占全年减沙量的87.4%;李家湾站7—9月输沙量减小0.0824亿 t(减幅77.9%),占全年减沙量的91.5%;北碚站7—9月输沙量减小0.891亿 t(减幅76.8%),占全年减沙量的81.5%;寸滩站7—9月输沙量减小1.22亿 t(减幅34.0%),占全年减沙量的75.6%;武隆站5—9月输沙量减小0.115亿 t(减幅41.8%),占全年减沙量的91.7%。

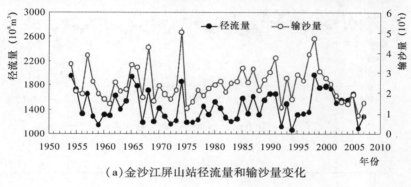

(a)金沙江屏山站径流量和输沙量变化

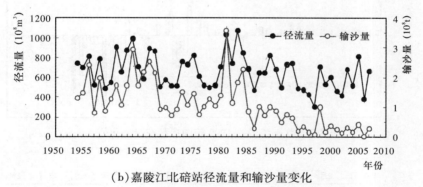

(b)嘉陵江北碚站径流量和输沙量变化

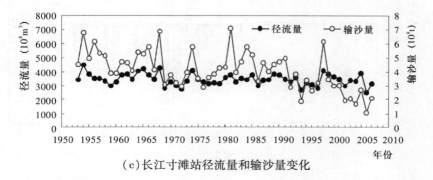

(c)长江寸滩站径流量和输沙量变化

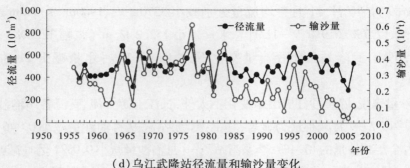

（d）乌江武隆站径流量和输沙量变化

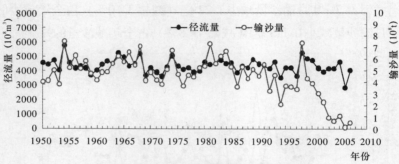

（e）长江宜昌站径流量和输沙量变化

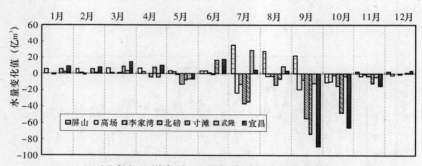

（f）长江上游各站1990年前后径流量变化值

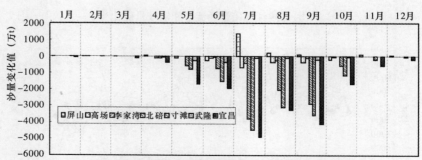

（g）长江上游各站1990年前后输沙量变化值

图2-1-1

（2）三峡水库蓄水后径流量和悬移质输沙量变化

2003—2007 年与多年均值相比，长江上游水量、沙量均有一定程度的减小，且以输沙量更为明显。2003—2007 年寸滩站年均径流量和悬移质输沙量分别为 3233 亿 m³ 和 1.94 亿 t，与多年均值相比，径流量减少约 7%，输沙量则减少约 54%，其中尤以嘉陵江减沙量最为明显，北碚站 2003—2007 年平均径流量和输沙量分别为 612 亿 m³ 和 0.24 亿 t，与多年均值相比，径流量减少 7%，输沙量减少幅度则达到 78%（见表 2-1-2）。

表 2-1-2　　　　　2003—2007 年主要水文站径流量和输沙量与多年均值比较

项目		金沙江	岷江	沱江	长江干流	嘉陵江	长江干流	乌江	长江干流	三峡库区	长江干流
		屏山	高场	富顺	朱沱	北碚	寸滩	武隆	清溪场	万县	宜昌
径流量 (10⁸m³)	多年平均	1461	863	119	2693	659	3478	495	3983	4180	4364
	2003—2007 年平均	1425	789	84	2531	612	3233	431	3736	3741	3934
	距平百分率	-2%	-9%	-30%	-6%	-7%	-7%	-13%	-6%	-11%	-10%
输沙量 (10⁸t)	多年平均	2.50	0.48	0.09	3.02	1.12	4.18	0.26	3.62	4.43	4.70
	2003—2007 年平均	1.47	0.38	0.01	1.80	0.24	1.94	0.09	1.89	1.34	0.67
	距平百分率	-41%	-21%	-92%	-40%	-78%	-54%	-67%	-48%	-70%	-86%

注：1. 多年平均值统计至 2005 年
　　2. 距平百分率为 2003—2007 年沙量与多年均值的相对变化率

2.1.2 推移质泥沙变化

近十几年来，长距离、大范围的建筑骨料开挖导致三峡水库入库推移质泥沙大幅减小。据调查，长江长寿至大渡段（长 337km）、泸州至铜锣峡段（长 277km）1993 年、2002 年沙和砾卵石开采量分别为 865 万 t、893 万 t；嘉陵江朝天门至盐井段（长 75km）、朝天门至渠河嘴（长 104km）沙和砾卵石开采量分别为 350 万 t、357 万 t（见表 2-1-3），砂卵石开采量远远大于推移量，导致滩面逐年下降。

表 2-1-3　　　　　1993 年、2002 年长江上游河道采砂调查成果　　　　（单位：10⁴t）

河流	1993 年				2002 年			
	调查范围及长度	沙	砾卵石	总和	调查范围及长度	沙	砾卵石	总和
长江	长寿—大渡,337km	555	310	865	铜锣峡—泸州,277km	507	386	893
嘉陵江	朝天门—盐井,75km	245	105	350	朝天门—渠河嘴,104km	290	67	357

此外,长江上游主要支流上大型水库如雅砻江二滩电站、沱江黄桷浩电站、嘉陵江干流东西关电站、涪江渭沱电站、大渡河铜街子电站等的修建,拦截了大坝上游大部分推移质泥沙,导致推移质补给量迅速减少。

根据 1986—2007 年资料统计,朱沱、寸滩站大于 10mm 的卵石推移质年均输沙量分别为 21.8 万 t、13.2 万 t,分别较初步设计值偏小 33.5% 和 52.3%,但推移量年内分配未发生明显变化,见表 2-1-4。

寸滩站沙质推移质年均输沙量为 19.0 万 t(1991—2007 年),特别是三峡水库蓄水后的 2003—2007 年,寸滩站砾卵石、沙质年均推移量仅分别为 4.18 万 t 和 2.55 万 t,与寸滩以上河道区间采砂有关;万县站年均砾卵石推移量则减小为 0.39 万 t,见图 2-1-2 所示。

另外,为满足三峡工程需要,2002 年起在嘉陵江东津沱站和乌江武隆站进行砾卵石($D > 2mm$)推移质测验;寸滩站从 1991 年开始施测沙质推移质($D < 2mm$)。2003—2007 年,东津沱站、武隆站卵石推移质年均输沙量分别为 1.05 万 t、10.5 万 t。

表 2-1-4　　　　　　　　三峡工程各站实测卵石平均推移量成果表

河流	站名	统计年份	卵石推移量(10^4t)
长江	朱沱	1975—1985	32.8
		1986—2007	21.8
		1975—2002	26.9
		2003—2007	17.1
	寸滩	1966、1968—1985	27.7
		1986—2007	13.2
		1966、1968—2002	22.0
		2003—2007	4.18
	万县	1972—1985	32.3
		1986—2002	34.0
		1972—2002	34.1
		2003—2007	0.39
	奉节	1974—1985	38.7
		1986—2001	24.7
嘉陵江	东津沱	2002	0.053
		2003—2007	1.05
乌江	武隆	2002	18.7
		2003—2007	10.5

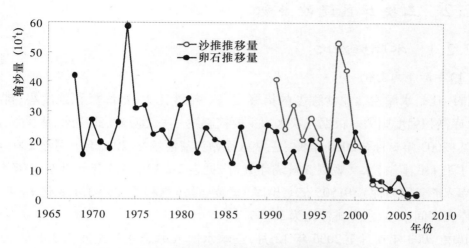

图 2-1-2　长江寸滩站卵石和沙质推移质输沙量变化

三峡水库径流丰沛,但年内分布不均,主要集中在汛期。蓄水前库区控制站寸滩站年径流量多年平均值为 3461 亿 m³,79% 的径流量集中在汛期 5—10 月。

库区河道泥沙输移以悬移质运动为主,年输沙量较大。寸滩站悬移质年输沙量多年平均值为 4.141 亿 t,多年平均含沙量为 1.33kg/m³,泥沙输移集中在汛期 5—10 月,输沙量占全年的 95.5%。

20 世纪 90 年代以来,长江上游年水量变化不大,但年输沙量呈减少趋势,主要以嘉陵江的来沙量减少较多,约减少 62%(北碚站)。2003 年三峡水库蓄水后,年输沙量减少更多,2003—2007 年长江干流年输沙量(寸滩站)1.936 亿 t,相对多年平均值减少 53%;支流嘉陵江年输沙量减少更多,2003—2007 年年输沙量为 0.241 亿 t(北碚站),相对多年平均值减少 78%;乌江年输沙量也有所减少,2003—2007 年年输沙量为 0.086 亿 t(武隆站),相对多年平均值减少 67%(见表 2-1-5),减沙的主要原因是受三峡水库上游建库、水土保持工程和降雨等因素的影响。

表 2-1-5　　　　　　　　　　　三峡水库来水来沙变化

年份	寸滩		武隆		北碚	
	径流量 (亿 m³)	输沙量 (亿 t)	径流量 (亿 m³)	输沙量 (亿 t)	径流量 (亿 m³)	输沙量 (亿 t)
多年平均值(1950—2002 年)	3461	4.141	490	0.258	650	1.085
1961—1970 年平均值	3689	4.80	510.4	0.291	749.4	1.793
1991—2000 年平均值	3361	3.545	537.8	0.221	547.5	0.411
2003—2007 年平均值	3240	1.936	431	0.086	610	0.241

2.2 三峡库区泥沙淤积

2.2.1 水库排沙比

（1）年际年内变化

排沙比是水库拦截泥沙程度的指标之一。排沙比大，水库淤积强度小；排沙比小，水库淤积强度则大。根据三峡水库主要控制站——寸滩站、武隆站、清溪场站、黄陵庙站（2003 年 6 月至 2006 年 8 月三峡入库站为清溪场站，2006 年 9 月至 2007 年 12 月为寸滩＋武隆站）水文观测资料统计分析（见表 2-2-1），2003 年 6 月至 2007 年，三峡水库入库悬移质泥沙 9.505 亿 t，出库（黄陵庙站）悬移质泥沙 3.108 亿 t。不考虑三峡库区区间来沙，水库排沙比为 32.7%。

其中，2003 年 6 月至 2006 年 12 月，三峡水库入库悬移质泥沙 7.301 亿 t，出库（黄陵庙站）悬移质泥沙 2.599 亿 t。不考虑三峡库区区间来沙，水库淤积泥沙 4.702 亿 t，水库排沙比为 35.6%。其中，2003 年 6 月—2003 年 12 月，水库排沙比为 40.4%；2004—2006 年历年水库排沙比分别为 38.4%、40.6% 和 8.7%。

2006 年三峡水库 156m 蓄水后，2007 年三峡水库入库（寸滩＋武隆）悬移质输沙量为 2.204 亿 t，出库黄陵庙站为 0.509 亿 t，库区淤积泥沙 1.695 亿 t，水库排沙比为 23.1%。

三峡水库采用"蓄清排浑"的运用方式，汛期降低水位运行有利于减轻库区泥沙淤积。2003—2006 年，主汛期三峡入库平均流量为 29300m³/s，蓄水位为 135m，排沙比为 42%，大于 2003—2006 年排沙比 35.6%；2007 年主汛期三峡水库入库平均流量为 24400m³/s，蓄水位为 144m，排沙比为 26%（8 月排沙比为 44%），也大于 2003—2006 年排沙比 23.1%。

从三峡水库排沙比分布来看，三峡水库排沙比较大的月份主要集中在汛期，且以各年的 7、8、9 月份最为明显，如图 2-2-1 和表 2-2-2 所示。

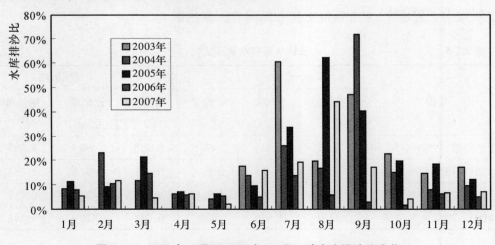

图 2-2-1 2003 年 6 月至 2007 年 12 月三峡水库排沙比变化

表2-2-1　三峡水库2003—2007年入库流量与排沙比对比表

年份	项目	1月	2月	3月	4月	5月	6月	7月	8月	9月	10月	11月	12月	汛期	主汛期
2003	入库流量(m³/s)						18000	28900	21000	28700	13500	7450	5680		26200
	排沙比						18%	60%	20%	47%	23%	15%	17%		47%
2004	入库流量(m³/s)	4310	4020	4990	7420	10500	18100	20800	19000	25600	16600	10400	6060	18400	21800
	排沙比	14%	26%	8%	6%	7%	14%	27%	17%	72%	16%	12%	24%	39%	46%
2005	入库流量(m³/s)	4800	3950	4910	6090	12600	15900	26900	33300	20700	18200	9460	5650	21300	27000
	排沙比	33%	27%	37%	10%	8%	8%	36%	66%	44%	23%	17%	28%	41%	46%
2006	入库流量(m³/s)	4910	4640	5730	5260	9120	12600	18000	9120	11770	12520	6980	5150	12200	13000
	排沙比	8%	10%	15%	6%	5%	5%	14%	6%	3%	2%	6%	5%	9%	11%
2007	入库流量(m³/s)	4690	3880	3850	5200	6880	14260	28460	21540	23180	13770	7520	5020	18020	24390
	排沙比	5%	13%	5%	7%	2%	16%	20%	44%	17%	4%	7%	8%	23%	26%
2003—2007	入库流量(m³/s)	4680	4120	4870	5990	9780	15770	24610	20790	21990	14920	8360	5510	17980	22470
	排沙比	15%	19%	16%	7%	6%	12%	31%	31%	37%	14%	11%	16%	28%	35%

根据实测资料分析,在汛期,入库流量大于 $30000\mathrm{m^3/s}$ 的持续时间越长,水库排沙比越大。如 2003—2006 年当入库(清溪场站)流量大于 $30000\mathrm{m^3/s}$ 时,水库同期排沙比为 48% ~ 81%。其中,2003 年入库流量大于 $30000\mathrm{m^3/s}$ 的天数为 28 天,水库同期排沙比为 54%;2004 年为 6 天,水库同期排沙比为 81%,9 月水库排沙比也达到72%;2005 年为 28 天,主要集中在 7 月和 8 月,水库同期排沙比为 55%。

2006 年三峡水库排沙比仅为 8.7%,主要是由于:一方面,三峡水库入库水量明显偏枯,最大入库流量仅为 $29800\mathrm{m^3/s}$(7 月 9 日),且大于 $20000\mathrm{m^3/s}$ 的天数仅 6 天,水库同期排沙比仅为 13%;汛期 5—10 月平均流量仅为 $12200\mathrm{m^3/s}$,汛期排沙比仅为9%。另一方面,在三峡水库 156m 蓄水期间,水库排沙比为 2%,排沙比偏小的主要原因是由于三峡坝前水位抬高和水库蓄水,加之入库水量偏小,水库库区水面比降变缓,水流流速减小,水流挟沙能力降低,使得入库泥沙沿程落淤。

三峡水库于 2006 年汛后 156m 蓄水后,水库排沙比有所减小。2007 年,三峡水库排沙比为 23.1%,小于 2003—2006 年平均排沙比 35.6%。其主要原因包括以下几个方面:

①2007 年汛期水位抬高运行,与 135m 运行期相比,库区水位抬升约 9m,库区断面水深、过水面积增大,水流流速进一步变缓,导致库区泥沙沿程落淤比例增大,水库排沙比减小。如 2003—2006 年主汛期三峡水库入库平均流量为 $29300\mathrm{m^3/s}$,排沙比为 42%;2007 年主汛期三峡入库平均流量为 $24400\mathrm{m^3/s}$,排沙比则为 26%。

②与 2003—2006 年均值相比,2007 年入库沙量偏大 11.3%。2007 年(寸滩 + 武隆站)水量为 3649 亿 $\mathrm{m^3}$,2003—2006 年(寸滩 + 武隆)站年均水量为 3669 亿 $\mathrm{m^3}$,两者基本相当;但 2007 年其沙量为 2.204 亿 t,较 2003—2006 年 1.98 亿 t 偏大 11.3%,表明在库区沿程落淤的比例偏大。

③2007 年汛期三峡水库入库洪峰流量较小且洪峰持续时间不长。2007 年 7 月31 日入库最大流量为 $45300\mathrm{m^3/s}$,7 月 28 日至 8 月 3 日 7 天水库排沙比仅为 60%;而2004 年 9 月 7 日入库(寸滩 + 武隆)最大流量为 $62900\mathrm{m^3/s}$,9 月 6—10 日五天水库排沙比达到 97%。2003—2006 年主汛期,三峡水库入库平均流量为 $29300\mathrm{m^3/s}$,排沙比为 42%;2007 年主汛期三峡水库入库平均流量为 $24400\mathrm{m^3/s}$,排沙比仅为 26%。

2007 年主汛期三峡水库入库洪峰持续时间不长。2007 年入库(寸滩 + 武隆)流量大于 $30000\mathrm{m^3/s}$、$25000\mathrm{m^3/s}$ 的天数为 24 天、41 天,主汛期排沙比仅为 26%;2005 年则分别为 29天、48 天,主汛期排沙比达到 46%,特别是 8 月出现持续时间较长的洪峰过程,水库排沙比为 62%。

(2)库区输沙比变化

根据三峡库区主要控制站——寸滩站、武隆站、清溪场、万县站水文观测资料统计分析,2003 年 6 月—2007 年 12 月,三峡上游(寸滩 + 武隆站)悬移质泥沙输沙量累计为10.07 亿 t,清溪场站输沙量为 9.41 亿 t,输沙比(清溪场输沙量/寸滩 + 武隆输沙量)为93%;万县站输沙量为 6.621 亿 t,相对清溪场站输沙比为 70%。由于在此期间水库排沙

表2-2-2　　三峡水库进、出泥沙与水库淤积量

年份	入库					出库(黄陵庙)					水库淤积				排沙比			
	水量(亿m³)	各粒径级沙量(亿t)				水量(亿m³)	各粒径级沙量(亿t)				各粒径级沙量(亿t)				各粒径级排沙比(%)			小计(出库/入库)
		$d\leq$0.062	0.062<d≤0.125	$d>$0.125	小计		$d\leq$0.062	0.062<d≤0.125	$d>$0.125	小计	$d\leq$0.062	0.062<d≤0.125	$d>$0.125	小计	$d\leq$0.062	0.062<d≤0.125	$d>$0.125	
2003年6—12月	3254	1.85	0.11	0.12	2.08	3386	0.72	0.03	0.09	0.84	1.12	0.08	0.03	1.24	38.9%	27.3%	75.0%	40.4%
2004年	3898	1.47	0.1	0.09	1.66	4126	0.607	0.006	0.027	0.64	0.86	0.09	0.06	1.02	41.3%	6.0%	30.0%	38.4%
2005年	4297	2.26	0.14	0.14	2.54	4590	1.01	0.01	0.01	1.03	1.24	0.14	0.13	1.51	44.7%	7.1%	7.1%	40.6%
2006年	2790	0.95	0.04	0.03	1.021	2842	0.0877	0.0012	0.0003	0.0891	0.861	0.039	0.032	0.932	9.2%	3.0%	1.0%	8.7%
2007年	3649	1.923	0.149	0.132	2.204	3987	0.5	0.002	0.007	0.509	1.423	0.148	0.125	1.695	26.0%	1.3%	5.3%	23.1%
总计	17888	8.453	0.539	0.512	9.505	18931	2.9247	0.0492	0.1343	3.1081	5.504	0.497	0.377	6.397	34.6%	9.1%	26.2%	32.7%

注:入库水沙量未考虑三峡库区区间来水来沙;2006年1—8月入库控制站为清溪场,2006年9月—2007年12月入库控制站为寸滩+武隆

比为32.7%,计算得出:三峡水库蓄水运用以来,三峡水库入库约7%的泥沙淤积在清溪场以上河段,近28%的泥沙淤积在清溪场至万县之间,32%的泥沙淤积在万县至大坝之间,近33%泥沙被排出库外,见表2-2-2。

2003年6月至2006年12月,三峡寸滩和武隆两站悬移质泥沙输沙量之和为7.86亿t,在此期间三峡水库排沙比为35.6%。清溪场站输沙量为7.24亿t,输沙比为91%;万县站输沙量为5.41亿t,相对清溪场站的输沙比为75%。由此说明,约9%的入库泥沙淤积在清溪场以上库段,约22%的泥沙淤积在清溪场至万县之间,33%的泥沙则淤积在万县至大坝段。

三峡水库于2006年10月完成156m蓄水后,工程进入初期运行期。2007年,三峡水库入库悬移质输沙量为2.204亿t,水库排沙比为23.1%。清溪场站输沙量为2.17亿t,输沙比为98%;万县站输沙量为1.21亿t,输沙比为55%。因此,清溪场以上淤积泥沙较少,仅占入库泥沙的2%,入库泥沙的44%淤积在清溪场至万县之间,31%的泥沙则淤积在万县至大坝之间。

从清溪场、万县站输沙比的年内分布来看,三峡水库蓄水运用后,清溪场、万县站输沙比的总体变化规律为:汛期明显大于枯季,见表2-2-3所示。

此外,2003年6月三峡水库135m蓄水运用以来,万县站输沙比明显减小,清溪场以上受蓄水影响较小,输沙比基本稳定。2006年9月三峡水库开始156m蓄水运用,万县站10月输沙比明显减小,而清溪场2006年和2007年9—10月输沙比也没有发生明显变化。由此可以说明:虽然清溪场以上库段受三峡水库156m蓄水影响逐渐增强,但由于库段水流流速仍较大、河道输沙能力仍然较强,导致清溪场以上河段泥沙淤积较少,大部分泥沙淤积在清溪场以下的常年回水区内,见表2-2-4。

2.2.2　水库泥沙淤积

(1)库区泥沙淤积

三峡水库水下实测地形表明,2003年3月至2007年10月,泥沙淤积以宽谷段为主,占总淤积量的94%,窄深段淤积相对较少或略有冲刷。从淤积量沿程分布来看,越往坝前,淤积强度越大。三峡水库156m运行后,变动回水区位于李渡—铜锣峡河段,2006年10月至2007年10月则由天然情况下的冲淤基本平衡转为淤积,总淤积量为561万m³。

三峡水库蓄水运行以来,库区深泓纵剖面仍然呈锯齿状,如图2-2-2所示,深泓淤积较为明显的主要集中在近坝段、小江—万县、石宝寨—忠县和高家镇附近,其中:近坝段深泓最大淤高51.7m(S34断面,距大坝5.6km),小江—万县段深泓最大淤高38.8m(距大坝240.6km),石宝寨—忠县段深泓最大淤高27.6m(距大坝355.3km),高家镇附近段深泓最大淤高23.9m(距大坝403.5km)。

从库区泥沙淤积量横向分布来看,泥沙淤积主要集中在主槽。典型横断面变化分别见图2-2-3。

表2-2-3 三峡水库清溪场、万县站输沙比变化

年份	寸滩+武隆 径流量 (亿m³)	寸滩+武隆 输沙量 (亿t)	清溪场 径流量 (亿m³)	清溪场 输沙量 (亿t)	万县 径流量 (亿m³)	万县 输沙量 (亿t)	清溪场 以上淤 积量	清溪场 至万县 淤积量	水库 总淤 积量	输沙比(清溪场/寸滩+武隆)	输沙比(万县/清溪场)
多年平均	3973	4.44	3983	3.62	4180	4.43	0.82	-0.81	/	82%	122%
2003年6—12月	3215	2.16	3222	2.08	3305	1.59	0.08	0.49	1.32	96%	76%
2004	3821	1.84	3898	1.66	3941	1.29	0.18	0.3712	1.2	90%	78%
2005	4259	2.74	4297	2.54	4302	2.05	0.21	0.4906	1.71	93%	81%
2006	2767	1.12	2781	0.96	2753	0.48	0.16	0.4772	1.03	86%	50%
2007	3650	2.204	3783	2.17	3748	1.21	0.04	0.96	1.7	98%	56%
2003年6月 至2007年	17712	10.07	17981	9.41	18049	6.621	0.66	2.789	6.96	93%	70%

表2-2-4　　三峡水库2003—2007年入库流量（寸滩+武隆）与清溪场、万县站输沙比对比表

年份	项目	1月	2月	3月	4月	5月	6月	7月	8月	9月	10月	11月	12月	汛期	主汛期
多年平均（统计至2005年）	入库流量(m³/s)	3905	3530	3830	5735	10050	16955	27615	25465	23555	15965	8695	5230	19935	23395
	清溪场站输沙比	73%	80%	70%	65%	55%	78%	89%	80%	79%	81%	76%	59%	82%	83%
	万县站输沙比	173%	133%	143%	182%	185%	123%	110%	125%	123%	134%	202%	235%	121%	120%
2003	入库流量(m³/s)	/	/	/	/	/	17370	28640	21030	28860	13285	7165	5415	19560	23975
	清溪场站输沙比	/	/	/	/	/	92%	96%	93%	102%	97%	78%	65%	82%	97%
	万县站输沙比	/	/	/	/	/	63%	88%	70%	80%	55%	23%	24%	100%	75%
2004	入库流量(m³/s)	4115	4050	5015	7100	10270	17250	21000	19310	25850	15890	9260	5835	18260	20850
	清溪场站输沙比	129%	58%	96%	61%	80%	96%	84%	81%	102%	87%	79%	69%	91%	92%
	万县站输沙比	23%	53%	19%	12%	20%	60%	82%	74%	94%	64%	17%	29%	79%	77%
2005	入库流量(m³/s)	4810	4223	5280	6335	12100	15990	27350	33450	20500	17010	8549	5485	21065	24320
	清溪场站输沙比	71%	108%	45%	56%	63%	85%	97%	97%	86%	92%	94%	65%	93%	94%
	万县站输沙比	20%	15%	32%	10%	31%	59%	85%	86%	85%	75%	31%	21%	82%	79%
2006	入库流量(m³/s)	4660	4660	5640	5150	8870	12620	17720	9153	11770	12520	6980	5150	12110	12815
	清溪场站输沙比	54%	104%	38%	122%	84%	78%	92%	85%	94%	76%	21%	19%	87%	89%
	万县站输沙比	22%	23%	27%	15%	22%	39%	72%	31%	36%	9%	28%	41%	51%	44%
2007	入库流量(m³/s)	4690	3880	3850	5200	6880	14260	28460	21540	23180	13770	7520	5020	18020	24390
	清溪场站输沙比	16%	17%	21%	24%	75%	102%	105%	99%	97%	85%	43%	33%	100%	101%
	万县站输沙比	40%	50%	44%	47%	5%	35%	61%	59%	62%	14%	13%	22%	56%	54%
2003—2007	入库流量(m³/s)	4440	4000	4630	5635	9260	15500	24635	20895	22030	14495	7895	5385	17800	20765
	清溪场站输沙比	55%	69%	53%	65%	75%	91%	96%	94%	98%	87%	67%	48%	94%	95%
	万县站输沙比	43%	39%	35%	28%	40%	55%	77%	73%	78%	48%	22%	25%	71%	71%

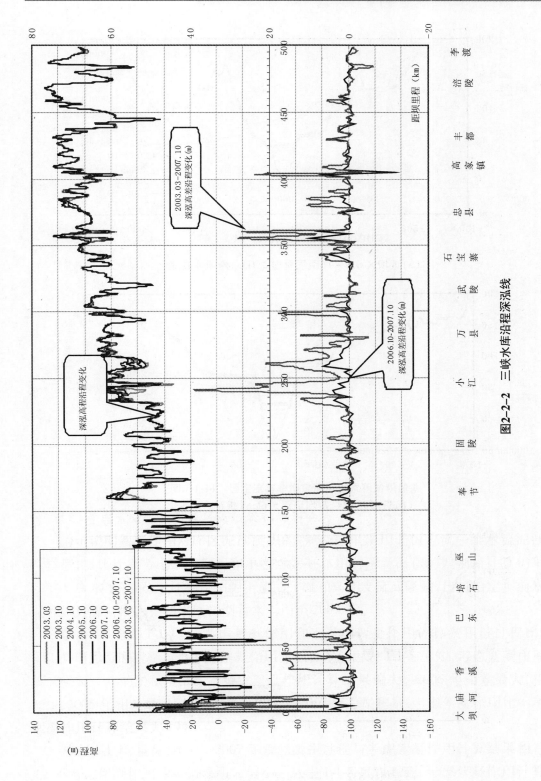

图2-2-2 三峡水库沿程深泓线

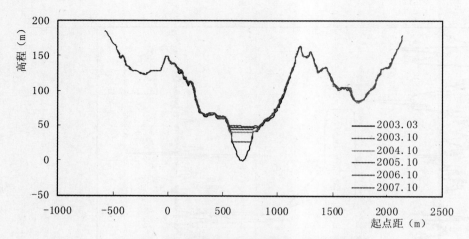

（a）近坝区 S31 +1（距坝里程 2.1km）断面冲淤变化

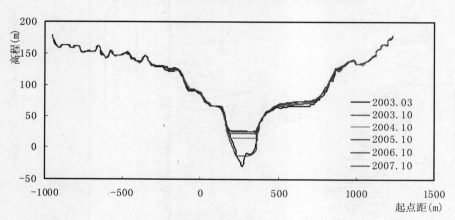

（b）近坝区 S34（距坝里程 5.6km）断面冲淤变化

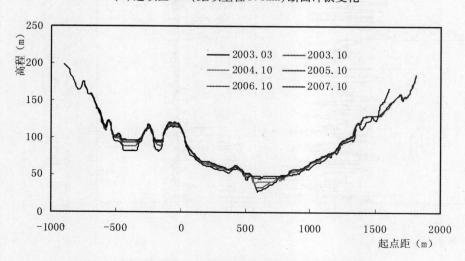

（c）近坝区 S32 +1（距坝里程 3.4km）断面冲淤变化

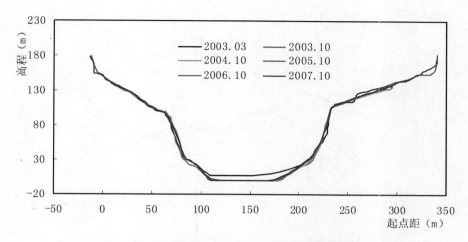

（d）瞿塘峡 S109（距坝里程 154.5km）断面冲淤变化

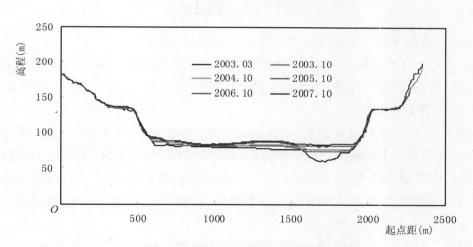

（e）臭盐碛 S113（距坝里程 160.1km）断面冲淤变化

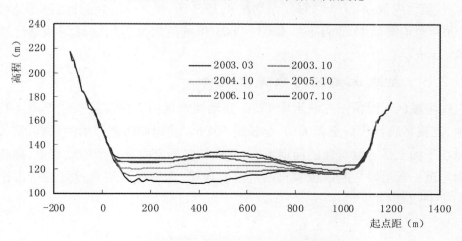

（f）黄华城 S205（距坝 356.9km）断面冲淤变化

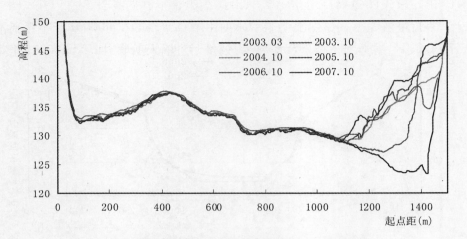

（g）土脑子河段 S253 断面（距坝 458.5km）冲淤变化

图 2-2-3　典型横断面变化

（2）三峡永久船闸引航道口门区泥沙淤积

永久船闸开始通航后，2003 年 5 月至 2006 年底（2005 年未测图），上引航道内没有明显的淤积，航道底板较为平坦，平均高程约为 129.8m，仅少量区域高程超过 130.0m，达到 130.2m。

2003 年 5 月至 2006 年汛前（2006 年 3 月）上引航道口门外由于回流、缓流的存在，在隔流堤头以上靠近左岸地势较低的小区域内出现淤积现象，较明显的淤积区域距离上游隔流堤头约 400m，距左岸 200～500m，淤积幅度在 3～5.3m，目前这两个小区域的平均高程为 93.5m，2006 年 3 月至 2006 年 10 月，上引航道口门区域则基本没有变化。

2003—2006 年，下引航道及口门外总淤积量 129.15 万 m^3，平均每年淤积 32.3 万 m^3。其航道内 76.41 万 m^3，每年平均淤积 19.1 万 m^3。口门外总计淤积泥沙 52.74 万 m^3，每年平均淤积 13.2 万 m^3。2003—2005 年航道内及口门区域泥沙总计清淤量为 74.05 万 m^3。

2.2.3　重庆主城区河段走沙规律

重庆主城区河段位于三峡水库 175m 变动回水区内。河段从长江干流大渡口至铜锣峡、支流嘉陵江进口至朝天门，全长约 60km。受地质构造作用的影响，重庆主城区河段在平面上呈连续弯曲的河道形态，其中长江干流段有 6 个连续弯道，嘉陵江段有 5 个弯道。弯道段之间由较顺直的过渡段连接，弯道段与顺直过渡段所占比例约为 1:1（见图 2-2-4）。

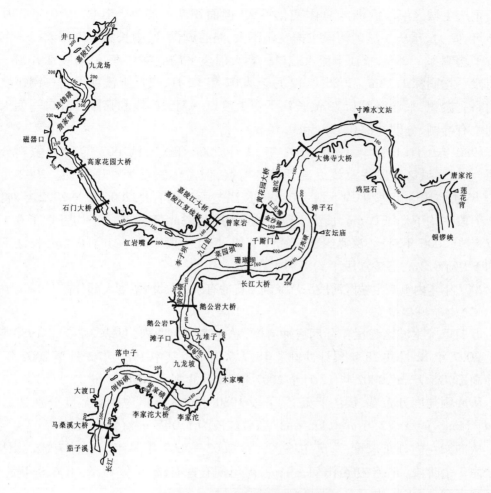

图 2-2-4　重庆主城区河段河势图

（1）冲淤变化

根据 1980 年 2 月、1996 年 12 月、2002 年 12 月、2006 年 12 月、2007 年 12 月资料分析表明,受河床边界条件控制,重庆主城区河段深泓线走向左右摆幅不大,一般小于 30m,无单向性变化,多年来基本保持稳定。

天然情况下,重庆主城区河段两岸主要由岩石组成,岸线总体变化不大。20 世纪 90年代以后,因长江、嘉陵江两岸滨江路的逐年修建,河道岸线不断发生变化,变化较大的部位主要有:长江干流黄沙碛至母猪碛段、长江通龙桥至哑巴洞段、嘉陵江石门大桥北桥头至刘家台段、嘉陵江大桥南桥头至朝天门段、化龙桥至磁器口段。其中,尤以长江干流段珊瑚坝附近变化最为明显,1980 年 2 月至 2006 年 12 月,河宽缩窄了 221m,占原河宽的20.1%;嘉陵江段金沙碛附近的 CY46 断面河宽缩窄 153m,占原河宽的 20.8%。

2006 年 12 月至 2007 年 12 月,重庆主城区河段河宽缩窄范围为 0 ~ 28m,缩窄率为 0 ~ 6.2%。

重庆主城区河段内洲滩总体变化不大,但面积略有萎缩。其中 1980 年 2 月至 2006 年 12 月,重庆主城区河段主槽变化不大,略有刷深,其中长江干流朝天门—铜锣峡段平均刷深 1.29m,长江干流大渡口—朝天门段平均刷深 0.17m,嘉陵江井口—朝天门段平均刷深 1.12m。2006 年 12 月至 2007 年 12 月,长江干流朝天门—铜锣峡段深槽略有淤积,平均淤厚 0.78m,长江干流大渡口—朝天门段和嘉陵江井口—朝天门段则略有冲刷,分别冲深 0.13m 和 0.16m。

1980 年 2 月、1996 年 12 月、2002 年 12 月、2006 年 12 月、2007 年 12 月资料分析表明,重庆主城区河段深泓线纵剖面有冲有淤,但总体表现为冲刷下切。2002 年与 1980 年对比,长江下段平均下切了 0.8m,长江上段变化不大;2006 年与 2002 年对比,长江上段平均下切了 0.6m,长江下段平均下切了 1.2m,嘉陵江段平均下切了 0.1m;2007 年与 2006 年对比,深泓纵剖面继续下切,长江上段平均下切了 0.1m,长江下段平均下切了 0.3m,嘉陵江段平均下切了 0.4m。

2007 年年内重庆主城区河段深泓纵剖面有冲有淤,但冲淤幅度大部分在 1.0m 以内。

(2)走沙规律研究

近期重庆主城区河段年际间有冲有淤,总体表现为冲刷(见表 2-2-5)。1980 年 2 月至 2007 年 12 月共 28 年累计冲刷了 1817.7 万 m^3,其中 1980 年 2 月至 2002 年 12 月冲刷了 728 万 m^3,2002 年 12 月至 2007 年 12 月冲刷了 1090 万 m^3。

从冲刷强度分布看,长江干流上、下段 1980—2007 年年均冲刷强度分别为 1.26 万 $m^3/(km \cdot a)$、0.82 万 $m^3/(km \cdot a)$,嘉陵江段为 1.0 万 $m^3/(km \cdot a)$。

从冲淤年内分布来看,重庆主城区河段 2003—2007 年各年内有冲有淤,总体上可分为 3 个阶段,即:年初至汛初一般为冲;汛期有冲有淤,总体为淤;汛末至年底,河床有冲有淤,总体为冲。

表 2-2-5　　　　　　　　　重庆主城区河段年际间河床冲淤计算表

统计时段	长江干流				嘉陵江 (22.1km)		全河段 (57.6km)	
	CY15 以上(21.1km)		CY15 以下(14.4km)					
	冲淤量 $(10^4 m^3)$	冲淤强度 $(10^4 m^3/ (km \cdot a))$	冲淤量 $(10^4 m^3)$	冲淤强度 $(10^4 m^3/ (km \cdot a))$	冲淤量 $(10^4 m^3)$	冲淤强度 $(10^4 m^3/ (km \cdot a))$	冲淤量 $(10^4 m^3)$	冲淤强度 $(10^4 m^3/ (km \cdot a))$
1980.02—1996.12	−147.2	−0.41	−2.6	−0.01	−162.3	−0.43	−312.1	−0.32
1996.12—2002.12	−180.8	−1.43	−189.6	−2.2	−45.8	−0.35	−416.2	−1.20
2002.12—2003.12	+53.5	+2.54	−81.9	−5.69	−147.4	−6.67	−176.0	−3.06
2003.12—2004.12	−76.8	−3.64	−332.8	−23.1	−100.1	−4.53	−509.7	−8.85
2004.12—2005.12	−332.0	−15.7	+89.0	+6.10	−62.1	−2.81	−305.1	−5.30
2005.12—2006.12	+60.4	+2.86	−34.8	−2.42	−15.0	−0.68	+10.6	+0.18

续表

统计时段	长江干流				嘉陵江		全河段	
	CY15 以上（21.1km）		CY15 以下（14.4km）		（22.1km）		（57.6km）	
	冲淤量 （$10^4 m^3$）	冲淤强度 （$10^4 m^3$/ （km·a））	冲淤量 （$10^4 m^3$）	冲淤强度 （$10^4 m^3$/ （km·a））	冲淤量 （$10^4 m^3$）	冲淤强度 （$10^4 m^3$/ （km·a））	冲淤量 （$10^4 m^3$）	冲淤强度 （$10^4 m^3$/ （km·a））
2006.12—2007.12	-123.0	-5.83	+71.1	+4.94	-57.3	-2.59	-109.2	-1.90
1980.2—2002.12	-328.0	-0.68	-192.2	-0.58	-208.1	-0.41	-728.3	-0.59
2002.12—2007.12	-417.9	-3.96	-289.4	-2.74	-381.9	-3.62	-1089.4	-10.33
1980.02—2007.12	-745.9	-1.26	-481.6	-0.82	-590	-1.00	-1817.7	-3.08

注:" + "表示淤积、" - "表示冲刷

从冲淤量的滩槽分布来看,以枯水期 2—3 月份多年平均枯水流量 $Q_寸/Q_朱/Q_北 =$ 3000/2600/400m³/s 的水边线为标准,水边线以内河床冲淤量称为主槽冲淤量,水边线以外河床的冲淤称为边滩冲淤量。按此标准将河床全断面分成滩和槽两部分计算冲淤量。

表 2-2-6 为重庆主城区全河段滩槽冲淤量成果。由表可见,除 2004 年表现为"滩槽均冲"外,2003、2005、2006、2007 年 4 年则均表现为"滩淤槽冲"。2003—2007 年重庆主城区河段主槽累计冲刷泥沙 1400.6 万 m³,边滩则淤积泥沙 311.2 万 m³。

表 2-2-6   **重庆主城区全河段滩槽冲淤量变化表**   （单位:$10^4 m^3$）

年份	部位	年初至汛前	汛期	汛末至年底	全年	滩槽合计
2003	滩	-11.1	+290.8	-15.9	+263.8	-176.0
	槽	-507.8	+312.8	-244.8	-439.8	
2004	滩	-346.8	+394.9	-251.6	-203.5	-509.7
	槽	-217.5	+329.7	-418.4	-306.2	
2005	滩	-89.2	+760.4	-551.4	+119.8	-305.1
	槽	-56.0	+269.9	-638.8	-424.9	
2006	滩	-19.7	+142.2	-68.3	+54.2	+10.6
	槽	-3.4	+122.8	-163.0	-43.6	
2007	滩	-16.2	+103.8	-10.7	+76.9	-109.2
	槽	-77.5	-9.1	-99.5	-186.1	
5 年累计	滩	-483.0	+1692.1	-897.9	+311.2	-1089.4
	槽	-862.2	+1026.1	-1564.5	-1400.6	

由于重庆主城区河段各年来水来沙条件、汛期不同部位淤积量大小等条件不同,汛后走沙过程与走沙量各异。除猪儿碛河段外,其他 3 个河段 9 月中旬至 9 月 30 日的走沙量占 9 月中旬至 12 月中旬走沙总量的 35.6% ~ 44.5%,平均为 40.0%;9 月中旬至 10 月 15 日走沙量占 9 月中旬至 12 月中旬走沙总量的 70.7% ~ 73.6%,平均

为71.8%。因此,9月中旬至10月中旬是汛后重庆主城区河段的主要走沙期。

重庆主城区河段年内有冲有淤,汛期流量大、水位高,水流漫滩,主流趋直,加上铜锣峡壅水等影响,在河道开阔段以及缓流、回流区,泥沙大量淤积,汛末流量逐渐减小、水位逐渐降低,水流归槽,河床发生冲刷。天然条件下,重庆河段主要走沙期寸滩水位一般为171.6～165.6m,铜锣峡相应水位为170.6～164.9m;次要走沙期寸滩水位一般为165.6～161.1m,铜锣峡相应水位为164.9～160.4m;在寸滩水位低于161.1m,铜锣峡水位低于160.4m后,重庆主城区河段走沙过程基本停止。

虽然河床冲刷强度与流量有一定的关系,但影响冲刷的直接因素是流速。通过寸滩水文断面各级走沙流量、水位及大断面成果,计算了寸滩水文断面相应走沙流速。当汛末流量为25000～12000m³/s时,寸滩水文断面平均流速为2.5～2.1m/s,寸滩河段冲刷强度在0.5万m³/(d·km)以上,为主要走沙期;而当流量为12000～5000m³/s时,相应寸滩水文断面平均流速为2.1～1.8m/s,冲刷强度在0.5～0.1万m³/(d·km),为次要走沙期;当流量小于5000m³/s时,相应寸滩水文断面平均流速小于1.8m/s,走沙基本结束。

2.3 三峡水库水流泥沙数学模型研究

2.3.1 数学模型与验证

(1)基本方程

所用的一维水流运动方程和泥沙运动方程分别为:

水流连续方程:

$$\frac{\partial Q}{\partial X} + \frac{\partial A}{\partial t} = 0 \qquad (2-3-1)$$

水流运动方程为:

$$\frac{\partial U}{\partial t} + U\frac{\partial U}{\partial X} + g\frac{\partial(H+Zb)}{\partial X} = F_x \qquad (2-3-2)$$

悬沙运动方程为:

$$\frac{\partial(AS_l)}{\partial t} + \frac{\partial(QS_l)}{\partial X} = \alpha \cdot B \cdot \omega_l \cdot (S_l^* - S_l) \qquad (2-3-3)$$

式中:Q——流量;U——断面平均流速;A——断面面积;B——断面平均河宽;S_l——分组含沙量;S_l^*——分组挟沙力;α值淤积时取0.25,冲刷时取1.0。

数学模型为一维非恒定流非均匀不平衡输沙数学模型,并利用专题一中的研究成果对模型计算了改进和完善,如考虑了非恒定流的影响和絮凝作用等。

(2)计算条件

计算范围:计算范围为干流朱沱—三峡坝址(见图2-3-1),长约760km。考虑嘉陵江、乌江、綦江、木洞河、大洪河、龙溪河、渠溪河、龙河、小江(支流小江又包含南河、东河、普里河、彭河等支流)、梅溪河、大宁河、沿渡河、清港河、香溪河共14条支流。

图 2-3-1　三峡水库库区干支流示意图

（3）验证情况

模型对沿程水位与流量、各站含沙量及冲淤情况进行了详细验证,验证结果与实际符合良好,在专题一中已有所说明。

2.3.2　不同来水来沙条件库区泥沙淤积计算分析

（1）不同水沙系列年库区淤积量及过程

当入库水沙条件为 20 世纪 90 年代水沙系列时,自 2003 年起水库按正常蓄水位 175m－145m－155m 方式运用 100 年后,库区总淤积量为 142.6 亿 m³,其中水库运用 30 年末、50 年末库区总淤积量分别为 63.55 亿 m³、97.02 亿 m³,分别占总淤积量的 44% 和 68%。与 60 年代水沙系列比较,水库运用 30 年末库区淤积量减少 28.91 亿 m³,相对减少 31% ;50 年末库区淤积量减少 40.18 亿 m³,相对减少 29%。

三峡水库运用 100 年不同水沙系列年库区累积淤积过程见图 2-3-2,20 世纪 90 年代系列库区累积淤积速率较 60 年代系列慢 20 年左右,60 年代系列当水库运用 80 年后库区淤积达到基本平衡,90 年代系列在水库运用 100 年末库区淤积仍未达到平衡。

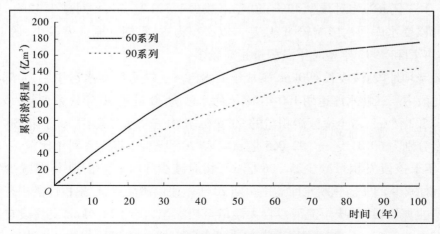

图 2-3-2　三峡水库运用 100 年累积淤积过程

（2）库区淤积分布

朱沱至朝天门段:该河段长约 148km,属变动回水区上段。三峡水库按 175m－

145m－155m方式蓄水运用后，年内有冲有淤，但汛后受库水位的回水影响，走沙期缩短，出现累积性淤积。三峡水库运用100年末、入库水沙为20世纪90年代系列年，该段淤积量为0.69亿 m³，占全库区淤积量的0.5%，其中水库运用30年末、50年末该段淤积量分别为0.300亿 m³、0.423亿 m³。与20世纪60年代系列年比较，水库运用30年末该段淤积量减少0.262亿 m³，相对减少47%；50年末减少0.373亿 m³，相对减少47%。

从年内看，本河段年内淤冲明显；从年际看，当遇中水大沙或大水大沙年时，本段淤积量变化较大，如1991年型、1997年型，年淤积量相对较多。一般遇大水过后随即出现冲刷（如1998年型），但汛末水库蓄水使本段消落冲刷的时间缩短，来不及冲走的泥沙被留下来呈累积性淤积。

朝天门至长寿段：该段长约76km，属变动回水区中上段。汛期保留天然河道特性，汛后蓄水期受回水影响，为水库的一部分。三峡水库运用100年末、入库水沙为20世纪90年代系列年，该段淤积量为3.22亿 m³，占全库区淤积量的2.3%，其中三峡水库运用30年末、50年末该段淤积量分别为1.178亿 m³、1.708亿 m³。与20世纪60年代系列年比较，三峡水库运用30年末该段淤积量减少0.893亿 m³，相对减少46%；50年末减少1.917亿 m³，相对减少53%。

本河段年内有淤有冲，遇1991年型、1997年型时，年淤积量相对较多，大水过后出现冲刷过程，但受水库回水影响，本段呈累积性淤积。

长寿至涪陵段：该段长约45km，属变动回水区中下段，河道宽窄相间，窄段有黄草峡、剪刀峡等段，河宽200～300m；宽段有金川碛等段，河宽1500～2000m。三峡水库运用100年末、入库水沙为20世纪90年代系列年，该段淤积量为3.292亿 m³，占全库区淤积量的2.3%，其中三峡水库运用30年末、50年末该段淤积量分别为1.206亿 m³、1.946亿 m³。与20世纪60年代系列年比较，三峡水库运用30年末该段淤积量减少1.157亿 m³，相对减少49%；50年末减少1.391亿 m³，相对减少42%。

本河段受水库回水影响较明显，基本以淤积为主，汛期冲刷强度较小，遇1991年型、1996年型和1997年型时年淤积量相对较多。

涪陵至坝址段：该段长490km，属常年回水区。三峡水库蓄水运用后，大部分泥沙淤积在此段内。三峡水库运用100年末、入库水沙为20世纪90年代系列年，该段淤积量为133.502亿 m³，占全库区淤积量的93.6%，其中三峡水库运用30年末、50年末该段淤积量分别为60.31亿 m³、92.065亿 m³。与20世纪60年代系列年比较，三峡水库运用30年末该段淤积量减少25.306亿 m³，相对减少30%；运用50年末减少35.619亿 m³，相对减少28%。三峡水库运用初期20年本段以淤为主，呈累积性淤积态势。

重庆主城区段：重庆干流河段自大渡口至唐家沱，长约28.6km，支流段自嘉陵江的磁器口至入汇口，长约16.3km，属变动回水区上段。该河段受干支流相互顶托影响较大，建库前一般年份汛期泥沙淤积，汛后走沙，年内冲淤基本平衡。三峡水库蓄水运用后，该河段泥沙冲淤规律既有天然河道的性质，又受三峡水库回水的影响，特别是蓄水后,高水位运用维持时间较长,缩短了该河段汛后走沙的过程,使该段出现累积性淤积。三峡水库运用 100 年末、入库水沙为 20 世纪 90 年代系列年,该段淤积量为 0.672 亿 m³,占全库区淤积量的 0.5%,其中三峡水库运用 30 年末、50 年末该段淤积量分别为 0.267 亿 m³、0.386 亿 m³。与 20 世纪 60 年代系列年比较,三峡水库运用 30 年末该段淤积量减少 0.476 亿 m³,相对减少 64%;50 年末减少 0.687 亿 m³,相对减少 64%。水库运用初期 20 年本段以淤为主,其中 1998 年型汛末淤积较多。

坝区段:坝区段从九皖溪至坝址,长约 18km。该段面宽水深,泥沙淤积较多。三峡水库运用 100 年末、入库水沙为 20 世纪 90 年代系列年,该段淤积量为 14.66 亿 m³,占全库区淤积量的 10%,其中三峡水库运用 30 年末、50 年末该段淤积量分别为 7.627 亿 m³、10.04 亿 m³。与 20 世纪 60 年代系列年比较,三峡水库运用 30 年末该段淤积量减少 1.221 亿 m³,相对减少 14%;50 年末减少 2.54 亿 m³,相对减少 20%。三峡水库运用初期 20 年本段以淤积为主,其中 1998 年型淤积较多。

嘉陵江段:该库段长约 61km(北碚—入汇口),河道一般比较开阔,三峡水库蓄水运用后,泥沙主要淤积在边滩上,河槽累积性淤积很少。三峡水库运用 100 年末、入库水沙为 20 世纪 90 年代系列年,该段淤积量为 0.632 亿 m³,占全库区淤积量的 0.4%,其中三峡水库运用 30 年末、50 年末该段淤积量分别为 0.27 亿 m³、0.374 亿 m³。与 20 世纪 60 年代系列年比较,三峡水库运用 30 年末该段淤积量减少 0.905 亿 m³,相对减少 77%;50 年末减少 1.124 亿 m³,相对减少 75%。

乌江段:该库段长约 68km(武隆—入江口),该段河谷狭窄,且含沙量小,故该段泥沙淤积量较少。三峡水库运用 100 年末、入库水沙为 20 世纪 90 年代系列年,该段淤积量为 0.571 亿 m³,占全库区淤积量的 0.4%,其中三峡水库运用 30 年末、50 年末该段淤积量分别为 0.174 亿 m³、0.284 亿 m³。与 20 世纪 60 年代系列年比较,三峡水库运用 30 年末该段淤积量减少 0.289 亿 m³,相对减少 62%;50 年末减少 0.483 亿 m³,相对减少 63%。

计算结果表明,三峡水库正常蓄水位调度方案运行 20 年,变动回水区涪陵以上库段年内有冲有淤,以淤为主,涪陵以下常年回水区则呈累积性淤积态势;三峡水库运用 50 年库区淤积以纵向淤积呈三角洲形态向坝前推进;三峡水库运用 80 年以后水库淤积逐渐趋于平衡,丰都以上和万州以下库段随来水来沙情势呈冲淤交替变化。

2.3.3 库区泥沙淤积趋势及其影响

(1)不同来水来沙变化库区泥沙淤积趋势

近十多年来长江上游来水来沙发生了变化,年输沙量呈减少趋势。按 20 世纪 60 年代水沙系列计算,三峡水库运用 50 年,库区将淤积 137.2 亿 m³,如按 20 世纪 90 年代水沙系列计算,三峡水库运用 50 年库区淤积 97.02 亿 m³,相对减少淤积 40.18 亿 m³,相当于 20 世纪 60 年代系列库区淤积 30 年的水平,特别是三峡 水库运用初期 20 年,库区淤积量减少较多,约减少 32%。现在,三峡水库已运行 5 年,根据实测资料统计,三峡工程 2003 年 6 月蓄水至 2007 年底,入库泥沙更少,2003—2007 年年平均入库沙量 2.02 亿 t(寸滩+武隆,下同),相对 90 年代系列的 3.77 亿 t 又减少了 46%,以此推测,三峡水库运用 10 年即到 2013 年中,库区淤积量约 13 亿 m^3。

长江上游干支流已建或在建的大中型水库较多,这些工程建成运用,还将继续影响三峡入库沙量的变化。目前金沙江的溪洛渡、向家坝工程已实现大江截流,据数学模型计算分析,2013 年溪洛渡、向家坝水库投入运行 20 年,两库的拦沙率为 65% ~ 70%,按拦沙率 65% 考虑,三峡水库干流年入库沙量将只有目前的 53%(朱沱站 2003—2007 年平均值 1.8 亿 t),入库总沙量约 0.957 亿 t。溪洛渡、向家坝水库建成后 20 年内,三峡水库年淤积量将维持在 1.0 亿 m^3 左右。因此,三峡水库蓄水运用 30 年(2032 年),库区累积淤积约 33 亿 m^3。

(2)淤积变化对变动回水区的影响

受库区泥沙淤积的影响,变动回水区内沿程水位出现不同程度的抬高,见表 2-3-1 至表 2-3-3。三峡水库运用 50 年,以 20 世纪 60 年代系列水沙条件预测,当流量为 20000m^3/s 时,朝天门、寸滩、长寿、涪陵的水位比淤积前分别抬高 2.33m、2.35m、7.46m、10.50m;当流量为 40000m^3/s 时,朝天门、寸滩、长寿、涪陵的水位比淤积前分别抬高 3.3m、4.02m、9.93m、12.67m;当流量为 58000m^3/s 时,寸滩、长寿、涪陵的水位比淤积前分别抬高3.4m、8.5m、11.56m。

如果按 20 世纪 90 年代系列水沙条件预测,三峡水库运用 50 年末库区泥沙淤积减少 30%,相应库水位抬高值也比 20 世纪 60 年代系列的少。当流量为 20000m^3/s 时,朝天门、寸滩、长寿、涪陵的水位比淤积前分别抬高 0.51m、0.63m、4.16m、6.67m,较 60 年代系列分别低1.82m、1.72m、3.3m、3.83m;当流量为 40000m^3/s 时,朝天门、寸滩、长寿、涪陵的水位比淤积前分别抬高 1.46m、1.80m、5.76m、8.24m,较 60 年代系列分别低 1.84m、2.22m、4.17m、4.43m;当流量为 58000m^3/s 时,寸滩、长寿、涪陵的水位比淤积前分别抬高 1.54m、4.93m、7.61m,较 60 年代系列分别低 1.86m、3.57m、3.95m。

今后 30 年内三峡水库入库沙量呈减少趋势,库区淤积量也相应减少,对变动回水区洪水抬高的影响会比上述的结果小。

表 2-3-1　　　　　　　　三峡水库淤积后寸滩水位变化值

寸滩流量 (m^3/s)	20 世纪 90 年代系列相应水位抬高值(m)				20 世纪 60 年代系列相应水位抬高值(m)			
	30 年末	50 年末	80 年末	100 年末	30 年末	50 年末	80 年末	100 年末
10000	0.06	0.09	0.24	0.39	0.66	1.46	2.60	3.22
20000	0.39	0.63	1.05	1.32	1.31	2.35	3.75	4.45
30000	0.87	1.47	2.41	2.89	2.17	3.64	5.40	6.19
40000	1.06	1.80	2.88	3.42	2.42	4.02	5.83	6.63
50000	0.94	1.61	2.48	2.97	2.20	3.58	5.19	5.96
58000	0.91	1.54	2.36	2.83	2.09	3.40	4.93	5.69

表 2-3-2 三峡水库淤积后长寿水位变化值

长寿流量	20 世纪 90 年代系列相应水位抬高值（m）				20 世纪 60 年代系列相应水位抬高值（m）			
（m³/s）	30 年末	50 年末	80 年末	100 年末	30 年末	50 年末	80 年末	100 年末
10000	1.49	2.52	4.25	12.45	3.85	6.04	8.52	9.58
20000	2.58	4.16	6.40	13.92	5.02	7.46	10.01	11.03
30000	3.34	5.22	7.71	14.05	7.03	10.21	13.09	14.14
40000	3.69	5.76	8.42	15.23	6.72	9.93	12.81	13.84
50000	3.46	5.35	7.75	15.34	6.32	9.11	11.75	12.74
58000	3.20	4.93	7.22	15.08	5.87	8.50	11.04	11.99

表 2-3-3 三峡水库淤积后涪陵水位变化值

涪陵流量	20 世纪 90 年代系列相应水位抬高值（m）				20 世纪 60 年代系列相应水位抬高值（m）			
（m³/s）	30 年末	50 年末	80 年末	100 年末	30 年末	50 年末	80 年末	100 年末
10000	3.67	5.19	7.14	7.98	6.22	8.78	11.46	12.68
20000	4.80	6.67	8.88	9.75	7.67	10.50	13.22	14.42
30000	5.28	7.50	10.21	11.20	8.98	12.73	15.85	17.03
40000	5.58	8.24	11.39	12.46	8.88	12.67	15.80	16.99
50000	5.51	8.05	11.03	12.03	8.61	12.08	15.02	16.18
58000	5.30	7.61	10.34	11.26	8.26	11.56	14.39	15.51

（3）淤积后库容变化对防洪的影响

按 2003 年 5 月实测的断面统计，三峡水库按正常蓄水位 175m 运用后，防洪库容约 224.4 亿 m³，干流库容占 72%，支流库容占 28%；调节库容约 168 亿 m³，干流库容占 69%，支流库容占 31%。随着水库运行时间的延长，库区泥沙淤积增加，库容则相应减少。三峡水库泥沙淤积主要分布在涪陵以下干流库区，故干流库区库容变化较大。防洪库容和调节库容变化与泥沙淤积相关，库区淤积增多，防洪库容和调节库容则减少。

由于大部分泥沙淤积在 145m 高程以下，对防洪库容和调节库容的影响较小。按 20 世纪 60 年代系列预测，三峡水库运用 50 年末，防洪库容保留 202 亿 m³，相应减少 9.8%；调节库容保留 157.4 亿 m³，相应减少 6.3%。三峡水库运用 100 年末，防洪库容保留 189.9 亿 m³，相应减少 15.4%；调节库容保留 149.8 亿 m³，相应减少 10.8%。

按 20 世纪 90 年代系列预测，三峡水库运用 50 年末，防洪库容保留 211.1 亿 m³，相应减少 5.9%，比 20 世纪 60 年代系列多保留 8.7 亿 m³；调节库容保留 161.5 亿 m³，相应减少 3.8%，比 60 年代系列多保留 4.1 亿 m³。三峡水库运用 100 年末，防洪库容保留 206.4 亿 m³，相应减少 8%，比 60 年代系列多保留 16.5 亿 m³；调节库容保留 160.1 亿 m³，相应减少 4.7%，比 60 年代系列多保留 10.3 亿 m³。

由于 20 世纪 90 年代系列入库泥沙减少 26%,库区淤积也相对减少,故防洪库容和调节库容比 20 世纪 60 年代系列保留多些。如果入库沙量按目前的来沙趋势,再考虑金沙江溪洛渡、向家坝两座水库 2013 年的投入运用,三峡水库运行 100 年,防洪保留库容至少在 92% 以上,调节保留库容在 95% 以上。

表 2-3-4 和表 2-3-5 分别显示出 20 世纪 60 年代系列及 20 世纪 90 年代系列库区淤积后防洪、调节库容的变化情况。

表 2-3-4　　　　　　　　20 世纪 60 年代系列库区淤积后防洪、调节库容变化

运用时期	项目	干流库区	支流库区	总库区	库容变化(%)
淤积前	防洪库容(亿 m³)	161.3	63.1	224.4	
	调节库容(亿 m³)	115.2	52.7	167.9	
30 年末	防洪库容(亿 m³)	147.6	62.1	209.8	93.5
	调节库容(亿 m³)	109.0	51.9	160.8	95.8
50 年末	防洪库容(亿 m³)	140.6	61.8	202.4	90.2
	调节库容(亿 m³)	105.7	51.7	157.4	93.7
80 年末	防洪库容(亿 m³)	132.5	61.4	193.9	86.4
	调节库容(亿 m³)	100.8	51.4	152.2	90.6
100 年末	防洪库容(亿 m³)	128.8	61.2	189.9	84.6
	调节库容(亿 m³)	98.5	51.3	149.8	89.2

表 2-3-5　　　　　　　　20 世纪 90 年代系列库区淤积后防洪、调节库容变化

运用时期	项目	干流库区	支流库区	总库区	库容变化(%)
淤积前	防洪库容(亿 m³)	161.3	63.1	224.4	
	调节库容(亿 m³)	115.2	52.7	167.9	
30 年末	防洪库容(亿 m³)	152.3	62.8	215.1	95.9
	调节库容(亿 m³)	110.6	52.5	163.1	97.1
50 年末	防洪库容(亿 m³)	148.4	62.6	211.1	94.1
	调节库容(亿 m³)	109.1	52.3	161.5	96.2
80 年末	防洪库容(亿 m³)	143.5	62.4	205.8	91.7
	调节库容(亿 m³)	106.6	52.1	158.7	94.5
100 年末	防洪库容(亿 m³)	144.0	62.5	206.4	92
	调节库容(亿 m³)	107.8	52.3	160.1	95.3

(4)三峡水库蓄水位上升至 175m 最佳时机分析

近 10 多年来,长江上游来水来沙情势发生了变化,上游建库、水土保持长效工程

以及人为采砂等影响,使得进入三峡水库的沙量较为明显减少。非恒定流数学模型预测表明,三峡水库运用初期20年,20世纪90年代系列库区淤积量比20世纪60年代系列的淤积量减少35%左右,考虑近期来沙情况及金沙江溪洛渡、向家坝水电站投入运用,入库泥沙减少趋势延续一段时期的可能性,三峡水库蓄水运用30年后,库区淤积趋势只有初步设计阶段预测的10年淤积水平。按目前的来沙趋势、库区淤积变化分析,现在正是三峡水库蓄水位上升到正常蓄水位的最佳时机:

第一,入库泥沙减少。2003—2007年平均入库沙量为2.02亿t,与20世纪90年代系列比减少47%,是初步设计值的20%。

第二,来沙减少,库区淤积量也相应减少。三峡水库运用30年,初步设计阶段预测库区淤积100.3亿m³,20世纪90年代系列预测的库区淤积量相应减少32%,按2003—2007年的来沙量预估,水库运用10年库区淤积量约13亿m³。

第三,库区淤积减少,库区洪水位抬高值也相应较小,对防洪、航运的影响相对减弱。

第四,2013年金沙江溪洛渡、向家坝枢纽建成投入使用,其拦沙作用至少使三峡入库沙量维持现状30年。

2.3.4 丹江口水库淤积参照

丹江口水库全年水位变幅达20 m,致使汉江变动回水区范围由距坝约181 km的冬青沟至距坝91 km的神定河口附近,推移质粒径范围很广,是进入水库库尾的主要淤积物。由于丹江口水库来水来沙主要为汉江,因此主要研究汉江库尾推移质的运动和冲淤变化特点。

(1)入库推移质级配及时空分布

入库推移质有粗沙($0.2mm < d < 2$ mm)、砾石($2mm < d < 16$ mm)、卵石($16mm < d < 250mm$)、漂石($d > 250$ mm)。另据1966年汉江库区详细勘测估算,1960—1965年年平均入库推移质($d > 0.2mm$)为563万t,其中:$0.2mm < d < 1.0mm$的量为430万t;$1.0mm < d < 10$ mm的粗沙砾石量约为23万t;$d > 10$ mm的卵石量约为110万t。一般情况下,汉江库尾推移质主要产生于每年6—10月份的汛期,枯水期几乎为零。

(2)库尾推移质淤积特点

库尾的推移质淤积没有出现明显的三角洲。对于卵石推移质,在水库运行初期,汉江库尾$d > 10mm$的卵石推移质几乎全部集中在约15km的两个弯道的边滩和两个低心滩上,其分布是不连续的。砾石和粗、中、细沙分布段,淤积形态多为局部三角洲或带状。卵石推移质淤积特点是对流速的改变非常敏感,只要水流略受回水影响,卵石推移质就会发生淤积。丹江口水库在运行初期,进入库尾的卵石淤积主要从汉库58-1号的罗汉滩开始,至汉库53号的金鸡镣尾部,长约17 km,其基本特征是回水影响弱。随着时间的推移,卵石淤积带逐渐下移,目前卵石的淤积分布带已发展到汉库 50 号附近,与 20 世纪 80 年代相比,下移了约 10 km。

库尾卵石推移质淤积状况与水库水位的变化有密切关系。由于丹江口水库汛期防洪限制水位 7—8 月为 149m,9 月为 152.5 m,10 月 1 日开始蓄水,最高可至 157 m,而在每年的 7—8 月份是进入库尾卵石推移质输移量最多时期,因此在 149~152.5 m 高程附近是卵石的主要淤积区,如处于 152 m 高程(汉库 54 - 2 号)附近淤积了大量卵石。

库尾卵石夹沙淤积在水库运行初期主要分布于汉库 53 号至汉库 50 号,长 10.4 km。主要特点是:大量卵石在上端淤积,进入本段的卵石已很少,回水影响亦较为明显,但淤积仍很集中,一般多覆盖在滩头,所盖面积常不到洲滩面积的 1/3,卵石覆盖处表层以下常有较厚的沙层,如鳖滩滩头沙层厚 2 m 左右。槽中有淤有冲,深泓点甚至以冲为主,原因是该段卵石量很少,但仍有较大的流速,粗沙和小砾石在槽中停留不住,尤其是大洪水时,该段不少深泓点发生冲刷。随着时间的推移,卵石夹沙淤积带也发生了下移,目前已发展到汉库 40 号附近。

在丹江口水库运行初期,库尾沙砾石分布段主要从汉库 50 号至汉库 40 号,长 23.6 km,回水影响已很明显,0.1~2.0 mm 的粗、中、细沙开始淤积。1967 年 1 月—1974 年 12 月,平均淤积断面面积达 541m²,为前段的 5 倍多;到 1997 年 11 月,平均淤积断面面积达 637 m²。淤积部位除个别断面外,滩槽皆淤,改变了前两段冲槽淤滩现象,但也有个别断面在深泓点发生了冲刷,如汉库 46 号断面。随着时间的推移,沙砾石淤积分布也逐渐向下游发展,由于受回水影响较强,因此向下游发展距离较短,目前只发展到汉库 38 号附近,但该段的上段大多数被卵石夹沙所覆盖。

在丹江口水库运行初期,推移质沙质分布段主要从汉库 40 号至汉库 35 号,长 12.3 km。其特点是回水影响已很大,粗、中、细沙大量落淤。1967 年 1 月—1974 年 4 月,平均淤积断面面积达 1500m²,河槽已普遍淤积,但淤积较多的部位仍在弯道滩上。淤积后使水位抬高,河宽加大,流线容易走弯,形成边滩发育的河宽条件,特别是弯道边滩,有的淤积段长达数公里,滩顶很高,最高处(如汉库 37 号、36 号、35 号断面的边滩)已超过高水位时的蓄水痕迹。

(3)库尾推移质的冲刷特点

丹江口水库运行初期调度模式为年调节,坝前水位年内变幅较大,来水来沙主要集中在 7—10 月份,而这段时间多为水库的充水阶段,蓄水量大,充水时间较长。充水时坝前水位较低,库区末端比降、挟沙能力增大,河床发生冲刷。当坝前水位下降时,在回水末端不断下移的过程中,比降、挟沙能力增大,引起沿程冲刷。充水冲刷与消落冲刷,对推移质来说是经过歇息后的再次运动和对推移质淤积分布的再分配过程,冲刷主要发生在河槽,冲刷的结果使上游的推移质向下游输移和河槽发生粗化。每年的实测成果都为沿程粗化,但从 2005 年最大粒径的分布可以看出,汉库 48 号以下,与以前相比发生了细化,这说明推移质在库尾淤积的结果使粗化现象自下而上减弱。

推移质淤积和冲刷往往交替发生。当库水位和进库流量变化时,会引起回水末端的移动。当坝前水位下降、回水末端下移时,就会引起有些淤积段冲刷;当回水末端上移时,在有些河段就会引起淤积。对于粗颗粒推移质,由于横向淤积分布不均,因此当滩上淤积过多时就有可能伴随槽中冲刷。但从目前库尾深泓点高程和淤积量分布看,库尾还在冲刷,不存在淤积上延问题。这种现象只是暂时的,只是淤积上延前的蓄势过程。随着时间的推移,当淤积使库尾河道坡降减缓到一定程度后,淤积上延将会发生。

2.4 变动回水区河段泥沙问题与对策研究

清华大学和重庆西南水运工程科学研究所分别对三峡水库变动回水区重庆河段泥沙淤积问题进行了模型试验研究。清华大学的重庆主城区模型,平面比尺1:350,垂直比尺1:150,变率 η =2.3,模型沙采用塑料沙。试验条件采用了20世纪90年代水文系列年,进行了2008—2027年坝前调度水位为175m–145m–155m的系列试验研究,其中前10年(2008—2017年)不考虑上游新建水库的影响,后10年(2018—2027年)考虑上游建向家坝、溪洛渡、草街等大型水库的影响。重庆西南水运工程科学研究所模型,平面比尺1:175,垂直比尺1:125,模型沙采用四川荣昌精煤粉。

2.4.1 试验条件

(1)试验系列年和相应水文年

试验采用的水文系列年如表2-4-1所示。根据长江科学院的数学模型提供的三峡水库175m–145m–155m运行的前10年(不考虑上游建库)和第2个10年(考虑上游建库)条件下重庆主城区河段的水沙条件统计,20世纪90年代水文系列各年的来水来沙量如表2-4-2所示。由表2-4-2可以看出,三峡水库运行前10年(不考虑上游建库),干流大渡口和支流井口的年径流量和悬移质年输沙量均与天然状态相当。但第2个10年考虑上游建库后(溪落渡、向家坝、草街等)年径流量减小为95%,而悬沙年输沙量减少为30.5%,对河道的泥沙冲淤有明显的影响。

表2-4-1　　试验系列年和相应水文年(水位调度为:175m–145m–155m)

模拟系列年	2008	2009	2010	2011	2012	2013	2014	2015	2016	2017	不考虑上
水文系列年	1994	1995	1996	1997	1998	1999	2000	1991	1992	1993	游建库
模拟系列年	2018	2019	2020	2021	2022	2023	2024	2025	2026	2027	考虑上
水文系列年	1994	1995	1996	1997	1998	1999	2000	1991	1992	1993	游建库

(2)模型动床范围

考虑到三峡水库运行第2个10年上游水库已建成运用,水库的拦沙作用使进入重庆主城区河段的悬移质泥沙数量减少70%左右,局部河床有可能发生冲刷,故模型中有相当部位做成了动床,见图2-4-1。

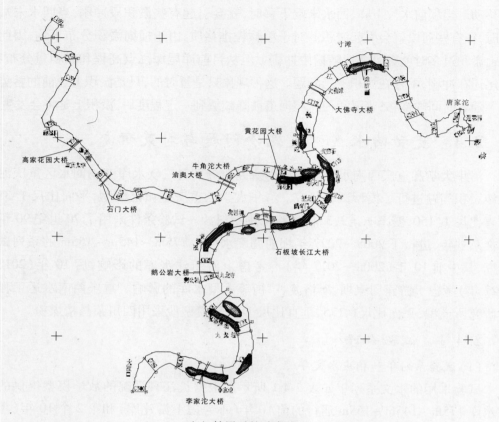

（a）扩展后的动床范围

（b）实体模型（局部照）

图 2-4-1　动床范围模型

表 2-4-2　　20世纪90年代水文系列年水量及悬移质年输沙量

| | 第1个10年 | | | | 第2个10年 | | | |
| | 大渡口 | | 井口 | | 大渡口 | | 井口 | |
	年水量(10^8 m³)	年悬沙量(10^8 t)	年水量(10^8 m³)	年悬沙量(10^8 t)	年水量(10^8 m³)	年悬沙量(10^8 t)	年水量(10^8 m³)	年悬沙量(10^8 t)
1994 年	2085.139	1.618	483.621	0.189	1993.534	0.706	462.248	0.048
1995 年	2636.694	3.046	470.349	0.329	2467.248	1.005	462.011	0.001
1996 年	2506.747	2.508	420.760	0.136	2343.859	0.717	397.259	0.038
1997 年	2371.730	3.021	307.916	0.063	2337.079	0.961	301.813	0.021
1998 年	3163.342	4.939	709.454	0.999	3122.790	1.216	656.786	0.489
1999 年	3055.603	3.386	529.779	0.189	3000.628	1.069	486.803	0.047
2000 年	2882.249	2.762	639.703	0.368	2794.667	0.707	594.993	0.063
1991 年	2863.267	4.044	495.931	0.492	2740.941	1.146	474.034	0.100
1992 年	2399.894	1.870	723.692	0.755	2326.187	0.869	684.742	0.253
1993 年	2702.565	3.177	739.080	0.642	2590.091	0.903	687.810	0.207
平均	2666.723	3.037	552.028	0.416	2571.702	0.930	520.850	0.127

（3）泥沙级配

20 世纪 90 年代寸滩原型悬移质级配和数模计算提出的 175m 方案运行后，寸滩计算悬移质级配见图 2-4-2。90 年代水文系列时寸滩悬移质级配比 175m 运行后略粗，而 175m 运行后前 10 年（不考虑上游建库）和第 2 个 10 年（考虑上游建库）寸滩悬移质级配变化不大。

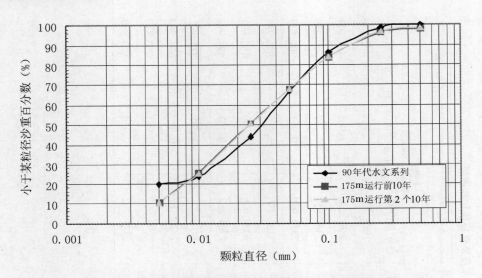

图 2-4-2　原型实测建库前和数模计算建库后悬移质级配曲线

2.4.2　20 世纪 90 年代水文系列试验的主要成果

（1）全河段年末总淤积量

表 2-4-3 是重庆河段 175m－145m－155m 方案 20 世纪 90 年代水文系列试验中各年末全河段淤积量统计。由表可以看出，运行前 10 年不考虑上游建库条件下，各年末河道总淤积量为 1500 万～2400 万 m³；运行第 2 个 10 年考虑上游建库后，无论长江和嘉陵江来沙量都减少了近 70%，重庆河段年末的淤积量减少 600 万～1900 万 m³。考虑到前期淤积较多，冲刷有一个过程，估计进一步运行后淤积量还有减少的趋势。

表 2-4-3（a）　　　　175m−145m−155m 运行后试验河段年末淤积总量

（清华大学试验结果）　　　　　　　　（单位：10^4m^3）

| 水文年 | 运行年 | 干流（CY07—CY38） | | | | 支流 | | 合计 | |
| | | 汇合口以上（CY38—CY15）21.9km | | 汇合口以下（CY15—CY07）8.03km | | CY41—CY46 2.7km | | 0—32.63 | |
		建库前10年	建库后10年	建库前10年	建库后10年	建库前10年	建库后10年	建库前10年	建库后10年
1994 年	2008、2018		1066.6		618.91		216.30		1901.8
1995 年	2009、2019	1227.0	1000.8	509.12	536.76	132.7	243.36	1858.8	1782.9
1996 年	2010、2020	893.84	787.6	485.18	460.31	132.63	222.47	1511.7	1470.4
1997 年	2011、2021	1074.9	830.26	538.18	455.45	126.07	212.37	1739.2	1583.2
1998 年	2012、2022	1546.3	1122.0	518.39	490.00	345.25	335.01	2410	1947.0
1999 年	2013、2023	1375.5	888.4	403.54	276.30	265.8	235.99	2044.9	1400.6
2000 年	2014	1489.5	797.28	334.11	182.51	226.6	197.39	2050.2	1177.2
1991 年	2015、2025	1244.6	642.52	795.00	160.90	206.1	135.01	2245.7	938.43
1992 年	2016、2026	1341.3	570.93	660.17	63.00	180.6	115.06	2182.1	748.99
1993 年	2017、2027	1318.4	502.36	751.71	97.35	263.43	110.59	2333.5	710.28

　　*表中建库前10年指不考虑三峡水库上游新建水库的拦沙影响运行的前10年,建库后10年指考虑三峡水库上游多座大型水库的拦沙影响后再运行10年

表 2-4-3(b)　　　　175m－145m－155m 运行后试验河段年末淤积总量

（西科所试验结果）

年份	长江淤积量($10^4 m^3$)		嘉陵江淤积量($10^4 m^3$)	全河段总淤积量
	汇合口以上 18.8km	汇合口以下 9.5km	3.2km	($10^4 m^3$)
10 年末	2058.2	1061.0	235.7	3354.9
20 年末	2516.3	1218.5	306.4	4041.2

（2）重点河段年内淤积过程和淤积量

在试验采用的水文系列年中,各重点河段的淤积量在年内的变化如表 2-4-4 至表 2-4-7 所示。总的来说,由于汛后水库蓄水,重庆河段冲刷走沙能力减弱,至年末九龙坡淤积只能冲走 20%,而寸滩和朝天门几乎没有明显走沙,至次年初水库水位消落期,九龙坡能冲走 50% 左右,嘉陵江只能冲走 30% 左右,寸滩能冲走不到 20%,而朝天门只能冲走 10% 以下。

表 2-4-4　　　　　　　　九龙坡淤积量统计（CY34—CY30）　　　　　（单位:万 m^3）

水文年	年中(8—9 月)		年末(11—12 月)		次年初(5—6 月)	
	前 7 年	后 7 年	前 7 年	后 7 年	前 7 年	后 7 年
1994 年(2008)		232.69		227.00		
1995 年(2009)	364.6	319.91	264.5	215.28	130.70	187.41
1996 年(2010)	276.38	265.40	174.05	186.48	153.32	158.00
1997 年(2011)	246.11	211.67	264.02	156.40	216.36	131.56
1998 年(2012)	840.13	593.13	427.33	343.53	244.93	287.46
1999 年(2013)	486.48	379.15	363.69	275.92	195.98	159.45
2000 年(2014)	358.31	249.83	336.85	187.67	206.72	113.31
1991 年(2015)	465.31	172.13	274.56	159.33		148.00
1992 年(2016)	389.84	111.702	319.63	106.45	268.79	100.24
1993 年(2017)	492.19	144.61	333.86	113.74	196.57	
平　均	435.40	268.02	306.5	193.87	201.67	163.28

表 2-4-5　　　　　　　　朝天门淤积量统计（CY15—CY23）　　　　　（单位:万 m^3）

水文年	年中(8—9 月)		年末(11—12 月)		次年初(5—6 月)	
	前 7 年	后 7 年	前 7 年	后 7 年	前 7 年	后 7 年
1994 年(2008)		394.28		365.89		
1995 年(2009)	322.79	337.39	316.7	334.51	305.61	328.65
1996 年(2010)	351.12	346.58	316.26	285.95	300.98	297.17

续表

水文年	年中（8—9月）		年末（11—12月）		次年初（5—6月）	
	前7年	后7年	前7年	后7年	前7年	后7年
1997年（2011）	306.6	314.39	299.55	285.22	264.26	254.77
1998年（2012）	316.13	258.72	368.42	294.62	289.59	234.23
1999年（2013）	280.24	272.06	281.35	270.33	—	252.87
2000年（2014）	284.21	—	253.65	222.34	233.4	201.73
1991年（2015）	320.40	190.98	290.46	180.05	—	173.36
1992年（2016）	373.99	148.96	360.23	170.44	320.99	131.76
1993年（2017）	442.46	117.18	352.77	115.09	352.4	—
平均	333.10	264.5	315.5	252.44	295.32	234.32

表2-4-6　　　　　　　　　　寸滩淤积量统计（CY07—CY10）　　　　　　（单位：万 m³）

水文年	年中（8—9月）		年末（11—12月）		次年初（5—6月）	
	前7年	后7年	前7年	后7年	前7年	后7年
1994年		208.6		187.43		
1995年	87.98	155.48	111.23	146.16	72.64	132.89
1996年	89.49	117.96	67.17	102.76	47.62	104.75
1997年	147.89	104.95	143.32	90.29	131.59	80.88
1998年	92.23	82.96	59.78	87.03	22.95	103.68
1999年	83.6	81.91	93.04	59.37	—	62.15
2000年	40.78	14.87	21.44	32.08	23.17	16.21
1991年	195.9	27.2	125.4	48.83	—	32.61
1992年	168.01	26.29	178.48	24.76	176.35	17.39
1993年	201.39	17.11	153.33	18.71	157.9	
平均	123.03	83.73	105.91	79.74	90.32	68.82

表2-4-7　　　　　　　　　　嘉陵江淤积量统计（CY41—CY46）　　　　　　（单位：万 m³）

水文年	年中（8—9月）		年末（11—12月）		次年初（5—6月）	
	前7年	后7年	前7年	后7年	前7年	后7年
1994年（2008）		269.16		216.3		
1995年（2009）	149.05	249.23	122.71	243.36	90.54	206.85
1996年（2010）	136.16	204.68	132.63	222.47	100.04	201.25
1997年（2011）	152.32	265.37	126.07	212.37	133.39	202.17

水文年	年中（8—9月）		年末（11—12月）		次年初（5—6月）	
	前7年	后7年	前7年	后7年	前7年	后7年
1998年（2012）	503.26	458.95	345.25	335.01	226.88	322.98
1999年（2013）	312.27	303.64	265.8	235.89		171.25
2000年（2014）	306.98	288.83	226.6	197.39	184.84	123.91
1991年（2015）	223.69	144.46	206.1	135.01		130.16
1992年（2016）	251.82	118.04	180.6	115.06	213.22	110.24
1993年（2017）	315.76	123.09	263.43	110.59	199.59	101.4
平　均	261.26	242.55	207.70	202.35	164.07	174.47

（3）典型断面冲淤过程

处于4个重点河段的4个典型断面在几个典型水文年的全年冲淤过程如下。

九龙坡：凡是大水大沙年淤积就多，反之则较少，就淤积较多的1998年看，至9月15日淤积达最大值，至9月底码头边滩已冲掉约30%，由于汛后蓄水，冲刷时间大大缩短，至年末边滩淤积还剩下部分不能冲完，至第2年初水位消落时，边滩出露，并逐渐冲刷，但至6月仍剩余50～100m宽的边滩不能冲完。来沙较少的1997年汛期淤积要少很多，但是至第2年6月仍剩余近50～80m宽的边滩不能完全冲完。

朝天门：淤积主要在左岸月亮碛边滩上，在大水大沙的1998水文年，月亮碛边滩淤积厚度近十米。同时可以看到该河段主槽发生了明显冲刷，冲刷宽度在200m以上，冲刷深度在2.5m左右。

嘉陵江：因20世纪90年代嘉陵江来沙量骤减，除1998水文年因来沙量达0.999亿t，淤积相当多外，其余年份该河段总的淤积量不多，尤其是金沙碛左岸江北造地，束窄了河道，并对大水流向有所调整。处于嘉陵江河口的朝天门1～4号码头处的CY42断面在一般年份基本上未出现碍航淤积。但1998年1～4号码头年末淤积量相当多，致使第二年5月初生基塘水位下降过程中，码头前沿满足航深大于3.0m的水域宽度不足100m，不能满足码头需求。

寸滩河段：处于长江左岸的寸滩新建码头区均无淤积，且右岸边滩滩唇处有冲刷，岸坡处有少量淤积，对航道和码头作业均无影响。

（4）河道淤积物级配

20世纪90年代系列试验末，对重点河段河床滩、槽淤积物级配进行了取样分析，结果如图2-4-3所示，在所观测的4个重点河段中，九龙坡和嘉陵江主槽有淤积，朝天门和寸滩槽内均无淤积。从淤积物级配看，所有淤积物中 $d < 0.025$mm 的量仅占淤积物总量的3%～20%，淤积物比悬沙级配粗。

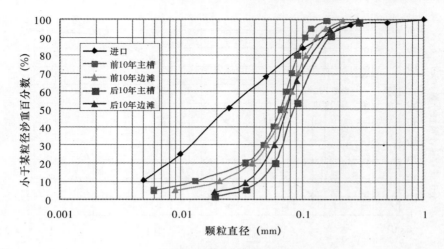

(a)九龙坡淤积物颗粒级配

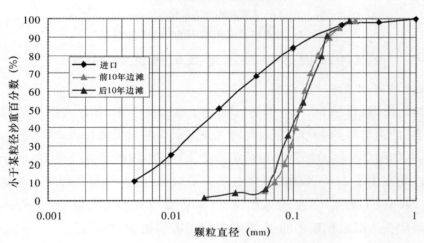

(b)朝天门淤积物颗粒级配

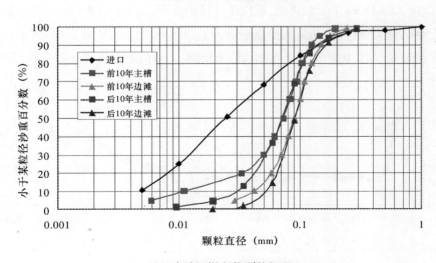

(c)嘉陵江淤积物颗粒级配

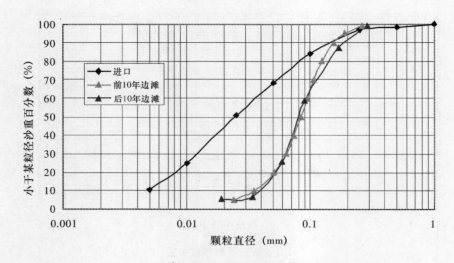

（d）寸滩淤积物颗粒级配

图 2-4-3 重点河段河床滩、槽淤积物颗粒级配

2.4.3 重点河段泥沙冲淤及对航道港区的影响

（1）九龙坡河段边滩冲刷过程

九龙坡河段，运行第 1 个 10 年——1998 年水文年年末，如以冲刷后边滩宽度冲不动了为界，冲刷历时为 45 天左右，此时九龙坡码头前沿仍残留近 100m 左右宽的边滩无法冲完，如图 2-4-4（a）所示。运行第 2 个 10 年遇 1999 年水文年时，由于考虑上游建库来沙量减少了 2/3，汛期淤积量也减少了很多，至 6 月初剩余的边滩宽度仍近80m，如图 2-4-4（b）所示。在实验采用的 20 世纪 90 年代水文系列年中，1998 年、1999年是九龙坡码头边滩淤积较多的年，其余年份的淤积要少一些。

九龙坡码头，对 20 世纪 90 年代系列水库运行 20 年，以边滩宽度大于 30m 为界限，各年出现了宽度 43～110m 不等的边滩，至次年 6 月仍会剩余部分边滩不能冲完。如以码头前沿长度 500m 统计，相应的边滩碍航淤积量为 12 万～60 万 m³，如表 2-4-8 所示。考虑上游建库，来沙量减少后，相同水文年年初边滩有所减少，碍航淤积量同比减小约 48%。

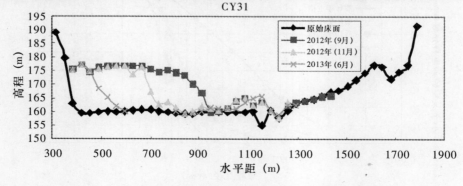

（a）九龙坡 1998 年水文年年末和次年汛前淤积形态

86

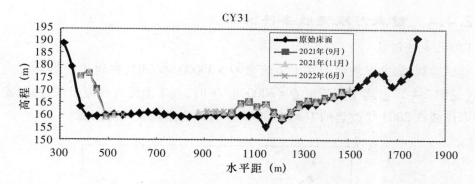

（b）九龙坡 1999 年水文年年末和次年汛前淤积形态

图 2-4-4　九龙坡 1998、1999 年水文年年末和次年汛前淤积形态

表 2-4-8 20 世纪 90 年代九龙坡码头前沿碍航淤积量

水文年	前 10 年(不考虑上游建坝)		第 2 个 10 年(考虑上游建坝)	
	宽度(m)	碍航淤积量($10^4 m^3$)	宽度(m)	碍航淤积量($10^4 m^3$)
1991	86	36.5	43	12.1
1992			43	12.1
1993	93.3	42.1	45	12.86
1994			49	14.63
1995	43	12.1	49	14.63
1996	78	30.94	48	14.18
1997	81	33.0	43	12.1
1998	89	38.8	74	28.31
1999	113	59.14	98	45.92
2000	101	58.52	81	33.0
平均		38.88		19.99

（2）港区及码头前沿流场

试验选择了 $Q_{寸} = 32227 m^3/s$ 作为典型流量,量测了港区重点河段的流场条件。表 2-4-9 列出了各个港区在计算航道宽度内的平均流速、最大流速和码头前沿的流速。结果表明,在该级流量条件下,航道平均流速及码头前沿流速均小于 2.5m/s,干流实测最大流速均略大于 2.5m/s。

表 2-4-9 主要码头区流速表

水文年月	量测项目	九龙坡	朝天门	嘉陵江口	寸滩
	计算航宽	350m	300m	250m	300m
1999 年 7 月	平均流速	1.85	2.01	1.26	2.16
	码头前沿	1.12	1.65	1.45	1.94
	最大流速	2.55	2.53	1.71	2.60

2.4.4 重点河段通航条件分析

（1）九龙坡河段

经试验观测，九龙坡河段在干流流量 $Q > 30000\text{m}^3/\text{s}$ 时，在码头前沿形成大尺度回流（见图 2-4-5）。当干流流量 $Q < 30000\text{m}^3/\text{s}$ 时，基本上无大回流出现，而九龙坡河段两岸岸线在 2003 年改建前 $Q = 26030\text{m}^3/\text{s}$ 时即会出现大尺度回流。

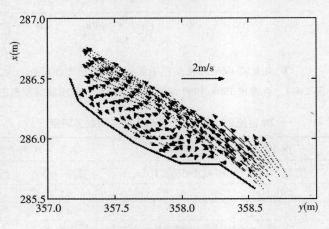

图 2-4-5　九龙坡码头回流示意图

码头前沿出现回流后，淤积明显增加，图 2-4-6 即是九龙坡河段各年的时段平均最大流量与汛期（9 月中）最大淤积量的关系，在 $Q = 30000\text{m}^3/\text{s}$ 附近明显出现了回流淤积拐点，但至汛后冲刷走沙时，淤积多的年份冲刷走沙也多，至 11 月水库蓄水至 170m 以上后，九龙坡河段剩余边滩淤积量随年最大流量增加也有增加，但增加的斜率很小，已再无拐点存在了。

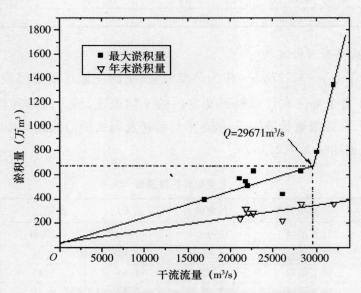

图 2-4-6　九龙坡河段年最大流量与汛期最大淤积量关系

由于三峡水库汛后蓄水,九龙坡码头前沿边滩在当年不能冲完,至第二年汛前(一般是 4—6 月初)水库水位消落期总会有或大或小的边滩出露。175m 运行后,无论那一年,消落冲刷至 5 月底边滩宽度均只能冲刷至 50m 以上,即码头前沿 30m 以外总有 20m 左右的永久性碍航淤积,这部分淤积量大约是 15 万 m³,应采取清淤或码头整治工程加以解决。

(2)嘉陵江金沙碛泥沙淤积和通航条件分析

嘉陵江金沙碛河段淤积量除与坝前运行水位有关外,还主要与支流年输沙量和支干流汇流比有明显的关系。175m 运行时,在支流输沙量大于 0.60 亿 t 后,如遇汇流比又小于 0.22,则河道淤积量会较多,如 1998 年水文年,支流输沙量为 0.999 亿 t,河道年末淤积就达 345 万 m³,有可能造成汛前支流航道条件差,特别是 1 ~ 4 号码头前航深大于 3m 的航宽不足 100m 而影响航道和码头作业,其淤积形态如图 2-4-5 所示。但当汇流比达 0.30 时,即使支流输沙量 0.75 亿 t(1992 年水文年),亦未出现碍航现象。初步判定,当嘉陵江年输沙量小于 0.60 亿 t 时,基本上不会出现碍航淤积问题。

(3)朝天门河段泥沙淤积和通航条件分析

三峡水库在 175m 运行时朝天门河段泥沙都淤积在左岸月亮碛边滩上,只是淤积量随年输沙量的不同有所差别,当然和支、干流汇流比也有关系。因朝天门是客运码头,月亮碛边滩淤积基本上不影响客运作业,因此朝天门河段航道基本上没有泥沙淤积碍航的问题。但由于朝天门广场改建并向江中扩建后,改变了两江交汇的主流线夹角,两江交汇处的沙嘴长度明显增加,试验中实测的沙嘴长度最大为 350m。夫归石在 $Q <$ 10000m³/s 时对流场影响明显,在其左边向江心 70m 左右范围内流态都较差。

2.4.5 九龙坡港区码头整治的探索性试验

经 20 年系列试验成果分析,在三峡水库 175m – 145m – 155m 运行条件下,九龙坡码头前沿淤积已不能完全冲完,即使在考虑上游建库、来沙量明显减少的情况下,码头前沿仍会有大于 50m 的淤积边滩无法冲掉。为保证码头的正常运行,除每年可采用挖泥清淤的方法外,也可以考虑采用工程整治的措施,为此在试验中考虑将码头前沿外推 40m(如图 2-4-7 所示),并进行了码头前沿流场测量。结果表明,九龙坡码头外推后,码头前沿 50m 处各级流量下表面流速在 1.5 ~ 2.3m/s,而在距码头前沿 125m 处,各级流量下表面流速基本上都在 3.0m/s 以下,在距码头 200m 处,流速在 2.5 ~ 3.5m/s。就码头前沿 200m 宽的水域平均而言,各级流量下水流流速基本上在 3m/s 以下,可以满足码头作业的要求,故将九龙坡码头前沿前推 40m 左右是值得进一步研究的整治方案之一。

同时据试验观察,在 CY30 断面刘家石盘附近河道有一个分叉口,当 $Q >$ 15000m³/s 时其开始过流,试验中在此分叉口筑一个小坝,即可使 $Q = 15000 \sim$ 20000m³/s 时不过流,此时水流即可集中于九龙坡码头前沿,9 月中下旬对码头前沿冲刷十分有利。

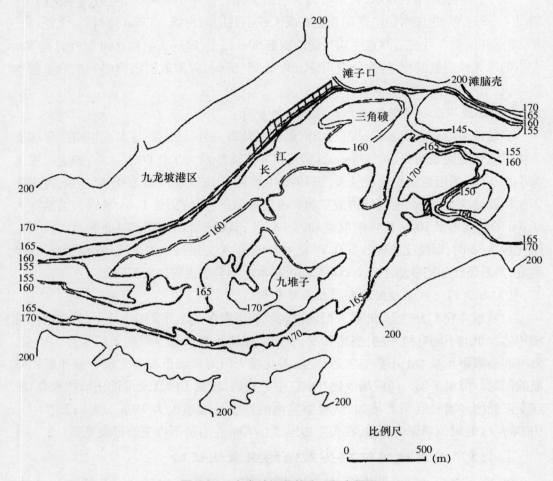

图 2-4-7　九龙坡河段整治工程布置图

2.4.6　长江重庆九龙坡河段泥沙淤积规律初步分析

影响长江重庆九龙坡河段汛期泥沙淤积量的主要因素是年悬移质输沙量、年径流量、嘉陵江入汇的汇流比和悬沙粒径,铜锣峡壅水对九龙坡泥沙淤积没有影响。

天然条件下,当嘉陵江入汇汇流比为多年平均汇流比($R_0 = 0.245$)、长江年径流量为多年平均年径流量时,九龙坡汛期淤积量约是年输沙量的 1%。

两江汇流比比多年平均汇流比增大或减小 0.1 时,在同样来水来沙条件下,九龙坡的淤积量会增加 18% 或减小 23% 左右,其余类推。

年径流量对九龙坡汛期淤积有明显的影响。当年径流量比多年平均径流量增大或减小 20% 时(即 $\dfrac{W}{W_0} = 1.2 \sim 0.8$),则九龙坡汛期淤积量也会增加 20% 或者减少 20% 左右。

三峡水库 175m－145m－155m 运行后,由于水库蓄水和汛后走沙能力骤减,河道内有累积淤积量。在来水来沙条件相同的条件下,据统计,九龙坡河段汛期淤积量比天然条件下要增加 1 倍左右;随着水库运行历时增长致使壅水增加,估计淤积还会有所增加。

考虑上游修建水库、进入重庆段的泥沙减少 2/3 的条件,九龙坡河段的汛期淤积量也将减少 2/3 左右。

对以上因素进行相关分析得出:

$$\frac{V_s r_s}{W_s} = A\left(\frac{R}{R_0}\right)^{\frac{1}{2}}\left(\frac{W}{W_0}\right)\left(\frac{d}{d_0}\right)^{\frac{1}{2}} - 34$$

式中: V_s——九龙坡汛期淤积量; r_s——淤积物干容重,本文取 $r_s = 13$; W_s——朱沱年输沙量; A——为经验系数,计算天然条件时, $A = 0.01$,计算 175m 运行条件时, $A = 0.02$,式中单位为万 t; $\frac{R}{R_0}$——年汇流比与多年平均汇流比的比值, $R_0 = 0.245$; $\frac{W}{W_0}$——年径流量与多年平均径流量的比值, $W_0 = 2668 \times 10^8 m^3$,为 1956—2005 年多年平均值; $\frac{d}{d_0}$ 为悬沙中径与 20 世纪 90 年代平均悬沙中径比。

天然条件和 175m 运行条件下,九龙坡汛期最大淤积量实测值和由上述关系式计算值关系如图 2-4-8 所示。可以看出关系式较好地反映了影响九龙坡汛期淤积量的各因素的定量关系,其相关系数 $r = 0.9787$。

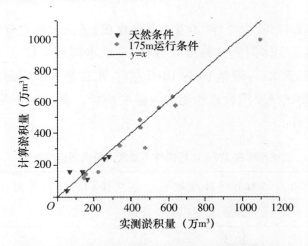

图 2-4-8　九龙坡实测淤积量与计算淤积量相关关系

2.4.7　长江重庆主城区重庆河段冲沙规律初步分析

(1)天然条件下河段走沙规律

对 2001—2007 年重庆河段天然实测泥沙冲淤资料综合分析后可知,重庆主城区河段每一水文年内河道有冲有淤,但年际间基本冲淤平衡,略有冲刷的趋势。天然情况下重庆主城区河段每年汛后 9 月 15 日至年末能冲走的沙量是汛期总淤积量的 70%左右,剩下的 30%左右在次年 1—5 月份基本能全部冲完。其中 2003 年、2004 年、2005 年是中水少沙年,均能超冲刷,而少水少沙年(2006 年)则因冲刷能力弱而不能冲完。具体分析每一典型河段时,因其河道边界形状、上下游河道特性不同,其冲刷的时段和冲刷量各不相同。总的说来是九龙坡、寸滩一类宽河段前期大水时(9 月中至 10 月中)冲刷较多(近 2/3),后期冲刷较少。而朝天门等窄河段则以后期冲刷为主。天然条件下重庆河段冲刷过程如图 2-4-9 所示。

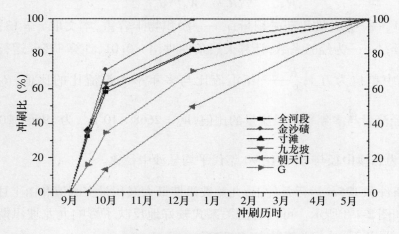

图 2-4-9　天然条件下重庆河段冲刷过程

(2)三峡水库在 175m 运行后(不考虑上游建坝)重庆河段走沙过程

根据重庆主城区实体模型试验成果分析,三峡水库蓄水位在 145m、155m、175m 运行以后,由于汛后蓄水,一般至 10 月 10 日左右,水位抬升影响到重庆河段,并从下游往上游传递,致使该河段汛后走沙能力大幅度减弱。表 2-4-10 即是模型试验实测的冲刷走沙过程统计。

表 2-4-10　　　　　　**三峡水库在 175m 运行条件下重庆河段汛后走沙统计**

河段	9 月 15 日至 12 月 31 日	1 月 1 日至 5 月 30 日	总计
九龙坡	29.6	24.1	53.7
金沙碛	20.5	16.7	37.2
寸滩	14	12.6	26.6
朝天门	9.1	4.5	13.6
全河段	17.8	12.2	30

注:表中数据均为百分比(%)

　　由表可以看出,整个重庆河段在水库运行后汛后至次年汛前走沙比仅为30%,有约70%的淤积泥沙会残留下来进入累积淤积量中,其中处于河段上段的九龙坡河段能冲刷50%以上。依次是金沙碛37%、寸滩26.6%、而朝天门在天然条件下的冲刷期就在10月份及以后,受壅水影响最大,冲刷量仅为11.4%。整个河段冲刷过程如图2-4-10所示,与图2-4-9相比,可以明显看出冲刷过程变缓和冲刷能力的下降。

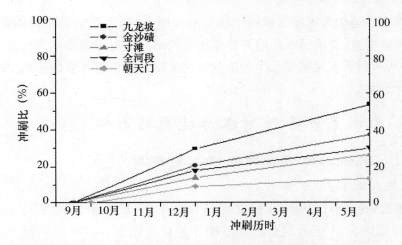

图2-4-10　三峡水库在175m运用后重庆河段冲刷走沙过程

3 三峡水库调度运用方案对水库长期使用的影响

在水库泥沙运动和水库淤积规律研究的基础上,利用数学模型模拟研究水库调度方式与库容损失、变动回水区的冲淤变化等关系。针对不同来水来沙条件,研究不同汛限水位、不同蓄水时间等水库运用方案对水库长期保留库容的影响、变动回水区的冲淤变化等的影响。

3.1 来水来沙条件对水库使用的影响

3.1.1 三峡入库泥沙减少情况与预测

（1）三峡入库泥沙减少情况

根据水文局的统计,1989 年前北碚站沙量 1.36 亿 t,朱沱站 3.15 亿 t,寸滩站 4.60 亿 t,宜昌站 5.23 亿 t,北碚占宜昌输沙量百分比为 26.0%。1990—1998 年,长江三峡以上主要测站的来沙量分配发生显著变化,宜昌站多年平均输沙量为 4.23 亿 t,其中干流寸滩站沙量 3.75 亿 t,朱沱站 2.95 亿 t,嘉陵江北碚站 0.49 亿 t,即长江上游朱沱以上来沙量基本未变,而北碚站来沙量却减少了 0.86 亿 t,这与寸滩站沙量减少 0.855 亿 t,宜昌站减少 1.0 亿 t 结果基本一致,因此 20 世纪 90 年代三峡水库入库沙量的减少主要是由于嘉陵江来沙量减少所致。

20 世纪 90 年代以后,从三峡水库年均入库（寸滩站 + 武隆站）水沙量来看,1991—2005 年与论证阶段采用的统计值相比,三峡水库入库年均径流量由 3986 亿 m³ 减至 3889 亿 m³,减少 97 亿 m³（减幅 2.4%）,但年均悬移质输沙量则由 4.94 亿 t 减为 3.32 亿 t,减少 1.61 亿 t（减幅 33%）。水沙量减小以嘉陵江为主,北碚站的年均径流量由 701 亿 m³ 减至 557 亿 m³,减幅 21%;年均输沙量则由 1.40 亿 t 减为 0.358 亿 t,减幅 74%。金沙江的水量和沙量均有所增加,变幅不大。岷江、沱江来水量分别减小 6% 和 14%,沙量则分别减小 26% 和 77%。

三峡水库蓄水后的 2003—2007 年,寸滩站、武隆站年均径流量分别为 3233 亿 m³、431 亿 m³,与论证阶段相比,分别偏少约 7%、13%;年均输沙量分别为 1.94 亿 t、0.085 亿 t,分别减少约 58%、73%。

20 世纪 90 年代以来,三峡水库入库（寸滩站）悬移质泥沙的 93.6% 来源于金沙江和嘉陵江（论证阶段为 82.4%）。与论证阶段相比,金沙江输沙量占寸滩站的比重由 53.4% 增大至 82.2%;但嘉陵江输沙量占寸滩的比重由 29.1% 减小至 11.4%;岷江输沙量比重为占 11.8%。

从 1991 年前后水沙量年内分配规律相比来看,金沙江屏山站、岷江高场站水沙年内分配规律未发生明显变化;嘉陵江北碚站 8 月沙量占全年比例有所增大(主要是由于流域内水库和航电枢纽排沙所致);寸滩站水沙年内分配未发生明显变化;乌江则由于上游乌江渡等电站蓄、泄影响,7 月水沙量明显增大。长江上游各站 1991—2005 年月均径流量及输沙量与 1990 年前的对比,各站 9—11 月径流量减少非常明显,其中宜昌减少169.6 亿 m³,高场站减少 32.0 亿 m³,北碚站减少 72.4 亿 m³,分别占全年减水量的 160%、58.2%、50.6%。武隆站虽年径流量增加 29 亿 m³,但 9—11 月水量减少 19.2 亿 m³。

对于沙量来说,除金沙江屏山站外,长江上游干流支流各站输沙量均呈减小趋势,其中以 7—9 月减小最为显著,其中:高场站 7—9 月输沙量减小 0.137 亿 t,占全年减沙量的 87.3%;李家湾站 7—9 月输沙量减小 0.0809 亿 t,占全年减沙量的 91.9%;北碚站 7—9 月输沙量减小 0.875 亿 t,占全年减沙量的 82.4%;武隆站 5—9 月输沙量减小0.106 亿 t,占全年减沙量的 92.2%;宜昌站 7—9 月输沙量减小 1.23 亿 t,占全年减沙量的 64.7%。

(2)金沙江下游梯级水电站对三峡入库泥沙减少预测

国家已授予中国长江三峡工程开发总公司对金沙江下游乌东德、白鹤滩、溪洛渡和向家坝等巨型水电站的开发权,总装机容量相当于两座三峡电站,并且溪洛渡和向家坝工程已经正式启动。金沙江下游梯级水电站的设计总装机容量约 4000 万 kW,水库总库容约 410 多亿 m³,其中总调节库容 204 亿 m³。梯级电站运行后对三峡水库入库泥沙的减小作用很大。

科技支撑计划项目"三峡工程运用后泥沙与防洪关键技术研究"第一课题为"三峡水库上游来水来沙变化趋势研究",该课题对金沙江下游梯级水电站对三峡入库泥沙的减小作用进行了计算预测,其主要结果如下:

向家坝水电站是金沙江下游 4 座梯级水电站中的最后一级,向家坝坝址位于屏山水文站下游 28.8 km,向家坝水电站规划设计及研究中均以屏山站水文资料为依据。1961—1970年水沙系列,屏山站多年平均径流量 1440 亿 m³,悬移质输沙量 2.47 亿 t,推移质输沙量 182 万 t。上游建梯级水库工况下,向家坝水库运用 100 年,入库沙量为46.97 亿 t,年均沙量 0.47 亿 t,出库沙量 38.64 亿 t,与天然情况下比减小了约 80%。上游建梯级水库,进入向家坝水库的泥沙变细,排沙也明显变细。

1991—2000 年系列,屏山站年均径流量 1482 亿 m³,输沙量 2.945 亿 t,与 1961—1970 年系列相比,径流量减少约 2%,年输沙量增加 17.5%。1991—2000 年系列,向家坝水库运用 100 年,入库总沙量 52.70 亿 t,出库沙量 42.42 亿 t,与 1961—1970 年系列相比,水库排沙量增加 3.78 亿 t,100 年内平均排沙级配差别很小。

3.1.2 不同来水来沙库区泥沙淤积计算分析

主要针对三峡水库 145m、155m、175m 蓄水方式运用基本方案进行 100 年冲淤计算,基本方案考虑两个水文系列年:1961—1970 年系列年和 1991—2000 年系列年。

（1）不同水沙系列年库区淤积量及过程

当入库水沙条件为 20 世纪 90 年代水沙系列年时,自 2003 年起三峡水库按正常蓄水位 145m、155m、175m 方式运用 100 年后,库区总淤积量为 143.3 亿 m³,其中水库运用 30 年末、50 年末库区总淤积量分别为 68.6 亿 m³、99.84 亿 m³,分别占总淤积量的 48% 和 70%。与 20 世纪 60 年代水沙系列比较,水库运用 30 年末库区淤积量减少 31.7 亿 m³,相对减少 32%;50 年末库区淤积量减少 43.66 亿 m³,相对减少 30%。

三峡水库运用 100 年不同水沙系列年库区累积淤积过程见图 3-1-1。由图可见,20 世纪 90 年代系列库区累积淤积速率较 20 世纪 60 年代系列慢 20 年左右,60 年代系列当水库运用 80 年后库区淤积达到基本平衡,90 年代系列在水库运用 100 年末库区淤积仍未达到平衡。

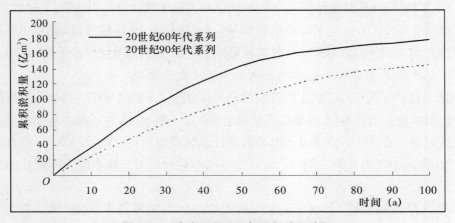

图 3-1-1　水库运用 100 年累积淤积过程

（2）库区淤积分布

朱沱至朝天门段:该河段长约 148km,属变动回水区上段。三峡水库按 145m、155m、175m 方式蓄水运用后,年内有冲有淤,但汛后受库水位的回水影响,走沙期缩短,出现累积性淤积。三峡水库运用 100 年末、入库水沙为 20 世纪 90 年代系列年,该段淤积量为 0.704 亿 m³,占全库区淤积量的 0.5%,其中水库运用 30 年末、50 年末该段淤积量分别为 0.337 亿 m³、0.453 亿 m³。与 20 世纪 60 年代系列年比较,水库运用 30 年末该段淤积量减少 0.313 亿 m³,相对减少 48%;50 年末减少 0.436 亿 m³,相对减少 49%。

朝天门至长寿段:该段长约 76km,属变动回水区中上段。汛期保留天然河道特性,汛后蓄水期受回水影响,为水库的一部分。三峡水库运用 100 年末、入库水沙为 20 世纪 90 年代系列年,该段淤积量为 3.17 亿 m³,占全库区淤积量的 2.2%,其中水库运用 30 年末、50 年末该段淤积量分别为 1.229 亿 m³、1.732 亿 m³。与 20 世纪 60 年代系列年比较,水库运用 30 年末该段淤积量减少 1.038 亿 m³,相对减少 46%;50 年末减少 1.888 亿 m³,相对减少 52%。

长寿至涪陵段:该段长约 45km,属变动回水区中下段,河道宽窄相间,窄段有黄草峡、剪刀峡等段,河宽 200～300m;宽段有金川碛等段,河宽 1500～2000m。三峡水库运用 100 年末、入库水沙为 20 世纪 90 年代系列年,该段淤积量为 3.148 亿 m³,占全库区淤积量的 2.2%,其中水库运用 30 年末、50 年末该段淤积量分别为 1.245 亿 m³、1.925 亿 m³。与 20 世纪 60 年代系列年比较,水库运用 30 年末该段淤积量减少 1.254 亿 m³,相对减少 50%;50 年末减少 1.514 亿 m³,相对减少 44%。

涪陵至坝址段:该段长 490km,属常年回水区。三峡水库蓄水运用后,大部分泥沙淤积在此段内。三峡水库运用 100 年末、入库水沙为 20 世纪 90 年代系列年,该段淤积量为 133.943 亿 m³,占全库区淤积量的 93.5%,其中水库运用 30 年末、50 年末该段淤积量分别为 64.973 亿 m³、94.469 亿 m³。与 20 世纪 60 年代系列年比较,水库运用 30 年末该段淤积量减少 27.316 亿 m³,相对减少 30%;50 年末减少 37.424 亿 m³,相对减少 28%。

3.2　三峡水库运用方式对水库长期使用的影响

3.2.1　计算方案

按既考虑入库水沙的变化,又考虑三峡水库不同的运行水位的原则确定计算方案。入库水沙的变化,采用了 1961—1970 年和 1991—2000 年两个不同的水沙系列,有的方案还考虑了三峡水库上游修建溪洛渡、向家坝及亭子口水库的影响;三峡水库调度水位有施工期及正常蓄水位方案和三峡水库蓄水位逐步上升方案,即:2009 年 9 月 30 日至 2013 年 9 月 30 日坝前水位按 165m－135m－140m 或 172m－143m－152m 方式运行,双汛限、多汛限水位,即在正常蓄水位方案的基础上增加洪水期排沙水位及汛期小流量限制水位。各方案计算条件见表 3-2-1。

3.2.2　水库淤积量

图 3-2-1 列出了各方案计算三峡水库淤积总量。不同的两个水沙系列,由于 1961—1970 年系列三峡水库年均入库沙量 5.414 亿 t,多于 1991—2000 年的年均 3.685 亿 t,因而采用 1961—1970 年系列计算三峡水库淤积较多。如方案 1 与方案 2 三峡水库坝前运行水位相同,方案 1 采用 1961—1970 年系列计算三峡水库 100 年累计淤积量 173.897 亿 m³,较采用 1991—2000 年水沙系列的方案 2 计算的淤积量 125.433 亿 m³ 多 48.464 亿 m³。

方案 5 考虑了上游金沙江修建溪洛渡、向家坝水库,方案 7 考虑了修建溪洛渡、向家坝和亭子口水库,两个方案三峡水库坝前运行水位相同。方案 5 三峡水库年平均入库沙量约 3.688 亿 t,方案 7 三峡水库年平均入库沙量约 3.295 亿 t,两个方案计算三峡水库 100 年总的淤积量分别为 127.072 亿 m³ 和 118.056 亿 m³。方案 7 和方案 5 采用的是 1961—1970 年系列,考虑到嘉陵江近年来沙量发生了巨大变化,拟定了与它们相对应的两个方案即方案 6 和方案 8,方案 6 和方案 8 嘉陵江采用 1991—2000 年系列来沙量,其他条件与方案 5 和方案 7 完全相同,方案 6 三峡水库年平均入库沙量约 2.311 亿 t,方案 8 三峡水库年平均入库沙量约 2.099 亿 t,两个方案计算三峡水库 100 年总的淤积量分别为 94.412 亿 m³ 和 89.546 亿 m³。

表 3-2-1　　　　　　　　　　　方案计算条件

方案		入库水沙条件	坝前水位
序号	名称		
1	基本方案	1961—1970 年系列	2003 年 6 月 15 日至 2006 年 9 月 15 日坝前水位按 135m 常年运行；2006 年 10 月 1 日至 2013 年 9 月 30 日坝前水位按 156m－135m－140m 方式运行；2013 年 10 月 1 日至 2102 年 12 月 31 日坝前水位按 175m－145m－155m 方式运行。
2		1991—2000 年系列	
3	坝前水位逐步上升 A 方案	1961—1970 年系列	2003 年 6 月 15 日至 2006 年 9 月 15 日坝前水位按 135m 常年运行；2006 年 10 月 1 日至 2009 年 9 月 30 日坝前水位按 156m－135m－140m 方式运行；2009 年 9 月 30 日至 2013 年 9 月 30 日坝前水位按 165m－135m－140m 方式运行；2013 年 10 月 1 日至 2102 年 12 月 31 日坝前水位按 175m－145m－155m 方式运行。
4	坝前水位逐步上升 B 方案		2003 年 6 月 15 日至 2006 年 9 月 15 日坝前水位按 135m 常年运行；2006 年 10 月 1 日至 2009 年 9 月 30 日坝前水位按 156m－135m－140m 方式运行；2009 年 9 月 30 日至 2013 年 9 月 30 日坝前水位按 172m－143m－152m 方式运行；2013 年 10 月 1 日至 2102 年 12 月 31 日坝前水位按正常蓄水的 175m－145m－155m 方式运行。
5	上游建库拦沙 A 方案	1961—1970 年系列	同方案 1、方案 2
6		长江、乌江 1961—1970 年系列，嘉陵江 1991—2000 年系列	
7	上游建库拦沙 B 方案	1961—1970 年系列	
8		长江、乌江 1961—1970 年系列，嘉陵江 1991—2000 年系列	
9	双汛限方案 1	1961—1970 年系列	双汛限水位 1
10	双汛限方案 2		双汛限水位 2
11	多汛限方案 1		多汛限水位 1
12	多汛限方案 2		多汛限水位 2

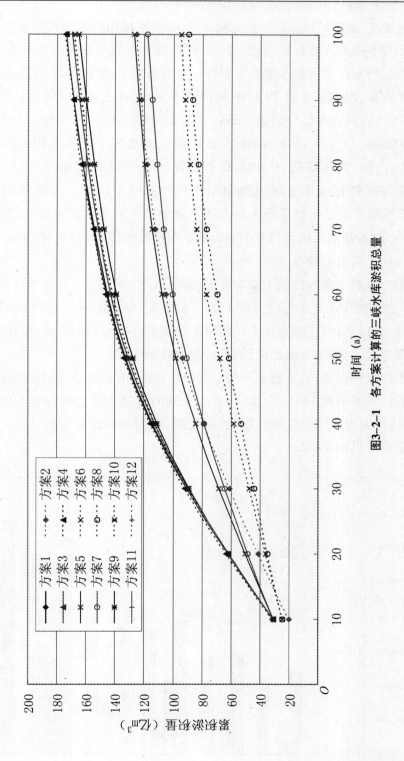

图3-2-1 各方案计算的三峡水库淤积总量

综合方案1、方案2和方案5至方案8,三峡水库在相同运行水位条件下,其100年累积淤积量是随着入库沙量的增加而增多的,两者呈现较好的线性关系。

不同的运行水位对三峡水库的淤积有一定的影响。坝前水位逐步上升有方案3、方案4两个方案,2009年9月30日至2013年9月30日三峡水库运用水位有别于基本方案(方案1),两者水位分别为165m-135m-140m、172m-143m-152m,均高于方案1的156m-135m-140m,两个方案计算三峡水库100年累积淤积量分别为173.960亿m³和174.155亿m³,均略高于方案1的173.897亿m³。

双汛限方案是在基本方案汛期限制水位的基础上增加一个洪水期排沙水位(135m);多汛限方案是在双汛限水位方案基础上进一步优化的方案,在汛期小流量(13500m³/s)时抬高双汛限水位至148m,洪水期排沙水位取143m或135m,这样可改善通航条件和提高发电效益。

双汛限方案洪水期水位低于基本方案,因而水库淤积减少,方案9计算三峡水库100年累积淤积量165亿m³,较方案1的174亿m³少9亿m³。多汛限的两个方案(方案11、方案12)计算三峡水库100年累积淤积量分别为170亿m³和169亿m³,均多于双汛限方案,与基本方案相比,仍有一定的减淤作用。

三峡水库淤积分布,自上游至下游是逐渐加重的,但水库沿程淤积强度的增加是比较均匀的。对于采用1991—2000年水文系列的方案2及上游修建水库拦沙的方案(如方案8),因为入库沙量少,且悬沙级配细,因而水库淤积靠近坝前。不同方案单位库段淤积量见图3-2-2。

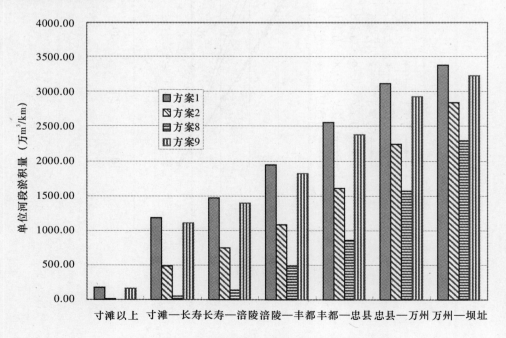

图3-2-2 三峡水库100年单位河段淤积量

3.2.3 重庆河段淤积变化

图3-2-3为模型计算的各方案重庆河段淤积量。两个水沙系列,采用1961—1970年水沙系列三峡水库淤积较多。如方案1采用1961—1970年系列计算,重庆河段100年累计淤积量3.627亿 m³,远多于采用1991—2000年水沙系列的方案2计算的淤积量0.449亿 m³。另外,上游建库拦沙方案计算的重庆河段淤积量也较其他方案有很明显的减少。

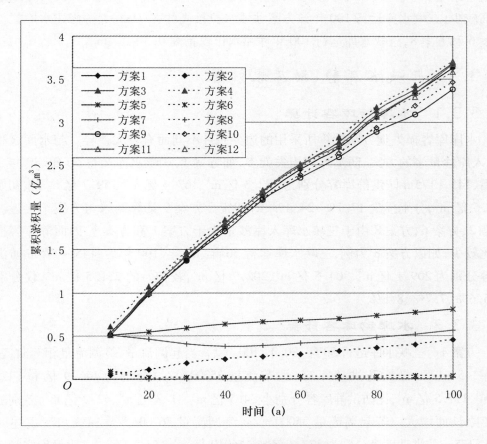

图3-2-3 重庆河段累计淤积量

不同的水库运行水位对重庆河段的淤积有一定的影响。坝前水位逐步上升的两个方案(方案3、方案4),2009年9月30日至2013年9月30日水库运用水位高于基本方案(方案1),两个方案计算重庆河段100年累积淤积量分别为3.690亿 m³ 和3.704亿 m³,均略高于方案1的3.627亿 m³。双汛限方案由于增加一个洪水期排沙水位(135m),使重庆河段汛期冲刷加大或淤积减少,因而两个双汛限方案计算重庆河段淤积量分别为3.380亿 m³ 和3.464亿 m³,小于方案1计算结果。多汛限方案,在汛期小流量(13500m³/s)时抬高汛限水位至148m,洪水期排沙水位取143m或135m,这样可改善通航条件和提高发电效益,但也造成重庆河段乃至整个三峡水库库区的淤积加重。模型计算结果表明,多汛限的两个方案(方案11、方案12)计算重庆河段100年累积淤积量分别为3.679亿m^3和3.589亿m^3,均多于双汛限方案,与基本方案的3.627亿m^3相近。

寸滩水位的抬升与重庆河段淤积变化趋势是一致的,重庆河段淤积严重的方案1、方案9和方案11,寸滩水位抬高较多,三峡水库运行100年寸滩水位抬高约9.5m;方案2采用1991—2000年水沙系列,重庆河段累计淤积量大大减少,因而寸滩水位抬高较少,三峡水库运行100年该方案寸滩水位抬高约4.71m;上游修建水库拦沙的方案6和方案8,三峡水库运行100年寸滩水位仅抬高0.3~0.4m。

3.3 三峡水库静、动库容计算

3.3.1 水库静库容计算

水库库容损失随方案计算所采用的边界条件不同而有较大差异。与水库淤积相应,入库沙量多的方案,防洪库容损失就多,如方案1,三峡水库运行50年、80年、100年后,145~175m防洪静库容分别为182.3亿m^3、167.4亿m^3、159.7亿m^3,较初始的221.5亿m^3,分别损失17.7%、24.4%、27.9%。方案9计算结果与方案1接近。而方案2、方案6、方案8由于三峡水库入库沙量少于方案1和方案9,因而静库容损失也比较少,如以方案8为例,三峡水库运行50年、80年、100年后,145~175m防洪静库容分别为209.1亿m^3、204.5亿m^3、202.7亿m^3,较初始的221.5亿m^3,仅分别损失5.6%、7.7%、8.5%。

3.3.2 水库动库容计算

方案1 三峡水库运行50年、80年、100年后,当起调流量、终调流量相等时,三峡水库145~175m最大防洪动库容(调节流量35000m^3/s)分别为146.9亿m^3、125.7亿m^3、117.5亿m^3,比防洪静库容分别小34.5亿m^3、41.7亿m^3、42.2亿m^3,差别随运行年限长而增大。若起调流量35000m^3/s,终调流量56700m^3/s,三峡水库上述时期145~175m防洪动库容分别为177.3亿m^3、160.9亿m^3、154.5亿m^3。比静库容相应小5.0亿m^3、6.5亿m^3、5.2亿m^3。

方案2 三峡水库运行50年、80年、100年后,当起调流量、终调流量相等时,三峡水库145~175m最大防洪库容分别为169.4亿m^3、164.5亿m^3、149.0亿m^3。若起调流量35000m^3/s,终调流量56700m^3/s,三峡水库上述时期145~175m防洪动库容分别为195.7亿m^3、183.7亿m^3、179.4亿m^3。

方案6 三峡水库运行50年、80年、100年后,当起调流量、终调流量相等时,三峡水库145~175m最大防洪库容分别为181.6亿m^3、173.4亿m^3、170.1亿m^3。若起调流量35000m^3/s,终调流量56700m^3/s,三峡水库上述时期145~175m防洪动库容分别为205.6亿 m³、199.1亿 m³、196.6亿 m³。

方案8 为三峡水库上游修建溪洛渡、向家坝、亭子口水库方案,在计算的12个方案中,三峡水库淤积最轻,因而防洪库容损失也最少。三峡水库运行50年、80年、100年后,当起调流量、终调流量相等时,三峡水库145~175m最大防洪库容分别为183.9亿 m³、176.3亿 m³、172.7亿 m³。若起调流量35000m³/s,终调流量56700m³/s,三峡水库上述时期145~175m防洪动库容分别为207.7亿 m³、201.3亿 m³、198.7亿 m³。

方案9 为双汛限方案,其三峡水库入库水沙条件与方案1相同,防洪动库容损失较方案1略少。水库运行50年、80年、100年后,当起调流量、终调流量相等时,三峡水库145~175m最大防洪库容分别为148.5亿 m³、131.2亿 m³、124.5亿 m³。若起调流量35000m³/s,终调流量56700m³/s,三峡水库上述时期145~175m防洪动库容分别为178.9亿 m³、165.4亿 m³、159.9亿 m³。

4 三峡工程坝区关键泥沙问题及对策研究

在分析三峡水库蓄水以来坝区河段泥沙淤积规律、枢纽通航建筑物上下游引航道（包括口门区、连接段）泥沙冲淤变化及其对通航的影响、电厂前泥沙淤积形态和过机泥沙数量与组成及其对发电的影响，以及坝区实体模型验证的基础上，研究揭示不同来水来沙条件和水库蓄水位方案下坝区河段泥沙淤积规律、右岸地下电站与大江电厂联合运行时上下游引航道泥沙淤积、电厂前流态和泥沙淤积规律及其可能产生的影响，寻求防止或克服不利泥沙问题的措施。

4.1 三峡工程运用后坝区泥沙模型验证研究

坝区泥沙模型模拟的河段，上起腊肉洞，下至晒经坪，全长 31.5km，模型为几何正态，平面和垂直比尺均为 150。模型同时模拟悬移质和推移质泥沙，除必须满足水流运动相似之外，还满足泥沙运动相似。模型沙采用湖南株州精煤，密度为 1.33g/cm^3。模型各项比尺见表 4-1-1。

该模型 1992 年进行了河道天然情况下的清、浑水验证试验。清水验证采用 1980 年该河段的实测水位、流速资料，浑水验证以该河段 1979 年的实测地形作为模型初始地形复演 1983 年的实测地形。验证结果表明，模型通过清、浑水验证试验，模型在水位、流速流态分布，淤积部位、淤积数量、冲淤规律和淤积物粒径等方面，均与原型基本相似，并且试验具有较好的重复性，能满足试验研究精度的要求。

表 4-1-1　　　　　　　　　各项比尺汇总一览表

比尺名称		比尺符号	比尺数值	计算公式	备注
平面比尺		α_L	150		
垂直比尺		α_h	150		
水流	流速(m/s)	α_v	12.25	$\alpha_v = \alpha_h^{1/2}$	
	糙率	α_n	2.31	$\alpha_n = \alpha_h^{1/6}$	
	流量(m³/s)	α_Q	275000	$\alpha_Q = \alpha_h^{5/2}$	

续表

比尺名称		比尺符号	比尺数值	计算公式	备注
悬移质	沉速	α_ω	12.25	$\alpha_\omega = \alpha_v$	
	粒径	$\alpha_{d(悬)}$	1.5	$\alpha_{d(悬)} = \dfrac{a_h^{1/4}}{\alpha_{\gamma s-\gamma}^{1/2}}$	
	启动流速	α_{u_0}	8.83	$\alpha_{u_0} = \alpha_v$	采用值
	含沙量	α_s	1.0	$\alpha_s = \alpha_{s_0}$	验证试验选定 α_{u_0} 挟沙能力比尺
	冲淤时间	$\alpha_{t(悬)}$	70	$\alpha_{t(悬)} = \dfrac{\alpha_h^2 \alpha'_\gamma}{\alpha_{q(s)}}$	α'_γ 为悬移质淤积干容量比尺, $\alpha_{q(s)}$ 为悬移质单宽输沙率比尺
沙质推移质	沉速	α_ω	12.25	$\alpha_\omega = \alpha_v$	
	粒径	$\alpha_{d(沙)}$	1.5	$\alpha_{d(沙)} = \dfrac{\alpha_h}{\alpha_{\gamma s-\gamma}^{7/5} \alpha_k^{14/5}}$	
	启动流速	α_{u_0}	8.83	$\alpha_{u_0} = \alpha_v$	采用值
	断面输沙率	$\alpha_{Q_s(沙)}$	275000	$\alpha_{Q_s(沙)} = \alpha_{Q_s(床)}$	验证试验选定
	冲淤时间	$\alpha_{t(沙)}$	70	$\alpha_{t(沙)} = \dfrac{\alpha_h^2 \alpha''_\gamma}{\alpha_{q(沙)}}$	α''_γ 为沙质推移质淤积干容量比尺, $\alpha_{q(沙)}$ 为沙质推移质单宽输沙率比尺
卵石推移质	启动流速	α_{u_0}	12.4	$\alpha_{u_0} = \alpha_v$	
	断面输沙率	$\alpha_{Q_s(卵)}$	110000		验证试验选定
	粒径	$\alpha_{d(卵)}$	22.6	$\alpha_{d(卵)} = \dfrac{\alpha_h}{\alpha_{\gamma s-\gamma}^{7/5} \alpha_k^{14/5}}$	α_k 为原型卵石与模型沙启动流速系数比尺
	冲淤时间	$\alpha_{t(卵)}$	76.6	$\alpha_{t(卵)} = \dfrac{\alpha_h^2 \alpha_{\gamma s}}{\alpha_{q(卵)}}$	$\alpha_{\gamma s}$ 为卵石推移质淤积干容量比尺, $\alpha_{q(卵)}$ 为卵石推移质单宽输沙率比尺

4.1.1 试验条件与方法

模型起始地形采用2003年6月汛前实测地形(腊肉洞—坝前)。枢纽运用年限为2003年6月至2006年10月。试验中的坝前水位、模型进口来水来沙量等水文泥沙条件及水库运行工况都按实测资料进行控制,船闸下游引航道的清淤时间和清淤范围也按实际发生的清淤进行。试验过程中,将不起造床作用的枯水流量($Q <$ 10000 m^3/s)略去,试验历时缩短后,模型每年实际输沙总量较原型实测年输沙总量仅减少 $0.4\% \sim 9.2\%$ 。

4.1.2 模型验证成果

坝区河段泥沙淤积验证结果见表4-1-2,2003年3月至2006年10月,坝区上游河段(长约15km)累计淤积量为6140万 m^3 ,较原型少淤14.2%,其中坝前0~3.5km

的宽谷河段,累计淤积量为 2462 万 m³,较原型少淤 24.0%,坝前 3.5~5.8km 河段,累计淤积量为 1242 万 m³,较原型少淤 17.7%,坝前 5.8~10km 河段,累计淤积量为 1490 万 m³,较原型少淤 7.6%,坝前 10~15km 窄谷河段,累计淤积量为 946 万 m³,较原型多淤 19.7%。由此可见,模型河道沿程淤积规律与原型基本相似,仍表现为坝前宽谷段淤积量较大,往上游随着河段变窄,淤积量逐渐变小,模型总体淤积量与原型相当。在坝前段模型淤积量较原型偏少较明显,而在上游段模型淤积量较原型有所偏多。

表 4-1-2　　　　　　　2003 年 3 月至 2006 年 10 月坝区河段淤积量表　　　　（单位:万 m³）

项目	距大坝里程				全河段
河段长	0~3.5km	3.5~5.8km	5.8~10km	10~15km	0~15km
原型	3240	1510	1613	790	7153
模型	2462	1242	1490	946	6140
偏差(%)	-24.0	-17.7	-7.6	19.7	-14.2

注:"-"表示模型比原型少淤

深泓纵剖面的变化如下:坝区河床模型深泓高程的沿程变化规律与原型基本一致,纵剖面仍呈锯齿状分布的特点,但淤积后深泓的上升幅度较原型有所偏差。

横断面的变化:模型断面泥沙淤积分布与原型基本一致,在峡谷深槽河段以主槽平淤为主,在宽谷浅槽河段沿湿周淤积。

断面流速分布的验证:当流量为 39200m³/s 时,模型各断面垂线表面流速较原型偏差 -0.05~+0.07m/s;当流量为 35600m³/s 时,模型各断面垂线表面流速较原型偏差 -0.08~+0.12m/s;当流量为 24600m³/s 时,模型各断面垂线表面流速较原型偏差 -0.06~+0.12m/s。由此可见,在不同流量下模型各断面主流位置、垂线表面流速大小及横向分布与原型基本一致。

上引航道口门内和口门区的淤积分布与原型基本一致,淤积量基本相同,淤积形态口门内基本是平淤,模型累计淤积量为 19.6 万 m³,较原型少淤 5.8%,最大淤积高程为 130.4m,口门区主要淤在低洼处,在长 530m、宽 220m 范围内,模型累计淤积量为 38.6 万 m³,较原型少淤 8.3%,最大淤积高程为 130.6m。模型下游引航道的淤积分布与原型基本相似,淤积数量较原型偏少,除 2003 年受三峡工程二期围堰拆除影响,原型坝下游来沙量明显增加,使下引航道口门内及口门外淤积量明显增多外,其余 3 年,模型下引航道口门内年平均淤积量较原型偏少 24.4%,口门外年平均淤积量较原型平均偏少 19.1%。上引航道和下引航道流速流态验证结果与原型基本一致。

左电厂前泥沙淤积,模型较原型少淤 18.8%,模型左电厂前的淤积量和淤积分布与原型基本相似。当流量为 42300m³/s 时,模型各断面垂线表面流速较原型偏差 $-0.08 \sim +0.12$m/s,模型断面流速大小及横向分布与原型基本一致。

4.2 新水沙系列坝区泥沙模型试验成果分析

4.2.1 模型试验条件与方法

(1)模型进口的流量和含沙量过程,采用长江科学院三峡水库泥沙淤积一维数学模型提供的枢纽运用 1 年至 30 + 2 年计算成果。该计算成果采用 20 世纪 90 年代系列并考虑嘉陵江草街和亭子口建库、金沙江溪洛渡和向家坝建库的减沙作用。

(2)模型试验起始地形为定床,坝区上游河段采用 2006 年 4 月实测地形;坝区下游河段仍为 1979 年实测地形。

(3)为加快试验进度,在整个试验过程中,将不起造床作用的枯水流量级($Q <$ 15000m³/s)略去,试验历时缩短后模型每年实际输沙总量仍与数学模型计算年输沙总量相近。

(4)按长江水利委员会勘测规划设计研究院提供的枢纽调度方案控制坝前水位,坝下游水位按葛洲坝枢纽坝前水位 66m 控制。电厂按设计方案运行,在枢纽运用过程中左、右电厂及地下电站的排沙洞均不启用。

(5)每年汛末船闸和升船机上游引航道清淤高程,上游船闸引航道为 139m,升船机引航道为 140m;船闸和升船机下游引航道清淤高程分别为 56.5m 和 57.0m。

(6)模型试验起始年限对应枢纽运用的 2008 年,水沙系列 10 年循环排序为 1994—2000 年,1991—1993 年。枢纽调度运用方式:第 1 年 9 月以前是 156m – 144m – 144m 运用方式,第 2 年 9 月以前是 165m – 144m – 147m 运用方式,10 月以后为 175m – 145m – 155m 运用方式。在枢纽运用 30 年末,插入 1954 年和 1955 年典型水文年,相当以往研究成果中枢纽运用年限 1 ~ 30 + 2 年。

4.2.2 模型试验成果分析

(1)坝区河势、泥沙冲淤变化

枢纽运用 30 年之前,因坝区水深大,流速小,坝区淤积断面滩槽同时淤积,深槽淤积较快,滩面淤积较慢,河道流速逐步增加,坝区河势有所调整。在坝前由于溢流坝布置在原河床深槽,泄洪深孔底板高程为 90m,坝前主流仍居中。新水沙系列试验条件下,由于这段时期进入坝区沙量较少,河床未被完全淤平,滩槽位置与原河床基本一致,坝区河势与蓄水运用初期河势无明显差异,原河槽主流方向没有大的改变,如表4-2-1。在新水沙系列试验条件下,坝区下游段(15km)枢纽运用不同时期坝下游河势基本一致。

表 4-2-1 　　　　　　　　　上游防淤隔流堤堤头距深泓线和主流线距离　　　　　　　（单位：m）

项目	枢纽运用年份		
	10 年末	20 年末	30 + 2 年末
深泓线	740	730	705
主流线 (56700 m³/s)	705	690	665

在新水沙系列试验条件下，枢纽运用 10 年末，全河段(15.5km)的淤积量达 $1.08 \times 10^8 m^3$，坝前 6.8km 河段内淤积量为 $0.73 \times 10^8 m^3$；枢纽运用 20 年末，全河段(15.5km)的淤积量达 $1.64 \times 10^8 m^3$，坝前 6.8km 河段内淤积量为 $1.05 \times 10^8 m^3$；枢纽运用 30 + 2 年末，全河段(15.5km)的淤积量达 $2.47 \times 10^8 m^3$，坝前 6.8km 河段内淤积量为 $1.58 \times 10^8 m^3$，见表 4-2-2 所示。

从河道淤积形态看，枢纽运用 30 + 2 年末，坝区河段深槽高程在 40 ~ 75m，以淤槽为主，边滩未形成，坝区上游段河宽无明显变化。

表 4-2-2 　　　　　　　　　　坝区上游河段泥沙淤积量表　　　　　　　　　　（单位：亿 m³）

河段范围	枢纽运用年份		
	10 年末	20 年末	30 + 2 年末
坝上 6.8km	0.73	1.05	1.58
坝上 15.5km	1.08	1.64	2.47

（2）船闸引航道通航水流条件

上游引航道通航水流条件　　船闸上游引航道布置在左岸缓流区，由于受船闸充水影响，在引航道口门内形成往复流，在引航道口门区（距隔流堤堤头 530m 范围内）流速流态变化较复杂，当口门内水流流向堤内时，口门区为缓流，水流流向与引航道中心线的夹角较小；当口门内水流逐渐减弱时，口门区逐渐转为回流；当口门内的水流流回堤外时，口门区流态最差，上游缓流与口门内的出流在口门区 300m 范围内汇合后形成与航道中心线基本垂直的横向流。

在新水沙系列试验条件下，枢纽运用 10 年末、20 年末和 30 年末，上游引航道口门区的流速流态均能满足通航要求；枢纽运用 30 + 2 年后，汛期口门外连接段的横向流速有一定量超标（见表 4-2-3）。以往船模试验表明，局部超标流速对船舶航行无明显影响，能满足通航要求。其中枢纽运用 30 + 2 年末，当流量为 35000m³/s、45000m³/s（坝前水位 145m）和流量 56700m³/s（坝前水位 147m ）时，引航道口门区最大表面流速为 0.35 ~ 0.42m/s，最大纵向流速为 0.32 ~ 0.40m/s，最大横向流速为 0.32 ~ 0.37m/s，横向流速超过 0.3m/s 的测点数占测点总数的 6% ~ 12%，回流流速均小于 0.4m/s；引航道口门外连接段,最大表面流速为 0.84 ~ 1.31m/s,最大纵向流速为 0.76 ~ 1.23m/s,最大横向流速为 0.33 ~ 0.41m/s,横向流速超过 0.3m/s 的测点数占测点总数的 10% ~ 16%,能满足通航水流条件。

表 4-2-3　　　　　　上游引航道口门区和连接段最大表面流速及超标数统计　　　　（单位 m/s）

观测范围	枢纽运用年份	$Q = 35000\text{m}^3/\text{s}$					$Q = 45000\text{m}^3/\text{s}$					$Q = 56700\text{m}^3/\text{s}$				
		V	V_x	P_x	V_y	P_y	V	V_x	P_x	V_y	P_y	V	V_x	P_x	V_y	P_y
口门区	10 年末	0.25	0.18	0	0.17	0	0.28	0.22	0	0.20	0	0.31	0.27	0	0.22	0
	20 年末	0.26	0.23	0	0.22	0	0.29	0.25	0	0.23	0	0.35	0.33	0	0.27	0
	30 + 2 年末	0.35	0.32	0	0.32	6	0.39	0.36	0	0.34	9	0.42	0.40	0	0.37	12
连接段	10 年末	0.48	0.45	0	0.15	0	0.54	0.50	0	0.22	0	0.71	0.66	0	0.22	0
	20 年末	0.75	0.76	0	0.23	0	0.86	0.82	0	0.25	0	1.14	1.13	0	0.28	0
	30 + 2 年末	0.84	0.76	0	0.33	10	0.95	0.88	0	0.37	14	1.31	1.23	0	0.41	16

注:V 为总流速;v_x 为纵向流速,p_x 为纵向流速超过 2.0m/s 的百分数;v_y 为横向流速,p_y 为横向流速超过 0.3m/s 的百分数

下游引航道通航水流条件　　下游引航道口门区位于坝河口附近左岸边滩的弱回流、缓流区内,枢纽运用不同时期,坝下游段主槽中无累积性淤积,岸线及河床形态基本无变化。因此,在枢纽运用不同时期,下游引航道的航行有效水域内的流速流态基本一致,同时,由于右岸代石坝挑流作用和防淤隔流堤堤头的影响,在航道内产生较强的斜流,其强度随流量的增大而增强,对船队的航行影响也随之增强。在新水沙系列试验条件下,流量分别为 35000m³/s、45000m³/s 和 56700m³/s,坝下游水位按葛洲坝枢纽坝前水位 66m 条件下控制,下游引航道口门区(隔流堤堤头至其下游 530m),航道中心线以左,纵向流速均小于 2m/s,横向流速超过 0.3m/s 的测点数占测点总数的 10% ~ 20%,航道中心线以右,纵向流速超过 2m/s 的测点数占测点总数的 8% ~ 12%,横向流速超过 0.3m/s 的测点数占测点总数的 45% ~ 65%;下游引航道口门外连接段(隔流堤堤头以下 530 ~ 2000m),航道中心线以左,纵向流速超过 2m/s 的测点数占测点总数的 52% ~ 56%,横向流速超过 0.3m/s 的测点数占测点总数的 8% ~ 100%,航道中心线以右,纵向流速超过 2m/s 的测点数占测点总数的 30% ~ 90%,横向流速超过 0.3m/s 的测点数占测点总数的 20% ~ 100%。以往船模试验表明:万吨级船队可以沿航道中心线左、右出口门,沿航道中心线以左进入口门。

因此,在新水沙系列试验条件下,枢纽运用 30 + 2 年末,下游引航道口门区的流速流态基本满足通航水流条件。

电厂前流速流态　　三峡水利枢纽建成运用后,枢纽上游坝区河段的河势逐步向规顺、微弯调整,主流正对溢流坝。汛期一般情况下坝前水位控制在 145m,洪水从 23

个高程为90m的泄洪深孔下泄,在左、右电站前形成两个方向相反的大回流区。非汛期坝前水位抬高至175m,左、右电站前仍为大回流区。随着枢纽运用年限的增长,回流范围逐渐缩小,强度逐渐增大。

左电厂:在新水沙系列试验条件下,枢纽运用不同时期,左电厂前均形成一逆时针方向的回流区,随着枢纽运用年限的增长,回流强度增大,而回流范围缩小。在新水沙系列试验条件下,枢纽运用10年末,其回流范围较大,回流上端在祠堂包附近,距坝址约2300m,回流强度较弱。当流量35000m³/s和流量45000m³/s、坝上水位145m,流量56700m³/s、坝上水位147m时,最大表面回流流速分别为0.32m/s、0.35m/s、0.40m/s。在新水沙系列试验条件下,枢纽运用20年末,其回流范围有所减小,回流上端距坝址约1800m,回流强度有所增大。当流量35000m³/s和流量45000m³/s、坝上水位145m,流量56700m³/s、坝上水位147m时,最大表面回流流速分别为0.37m/s、0.44m/s、0.48m/s。在新水沙系列试验条件下,枢纽运用30+2年末,其回流受左岸泥沙淤积的影响,回流被压缩到坝前1150m范围内。当流量35000m³/s和流量45000m³/s、坝上水位145m,流量56700m³/s、坝上水位147m时,最大表面回流流速分别为0.40m/s、0.48m/s、0.55m/s。

右电厂:在新水沙系列试验条件下,枢纽运用不同时期,右电厂前均形成一顺时针方向回流,受地下电站连通道过流影响,靠近坝前出现沿坝轴线方向的横向水流。随着枢纽运用年限的增长,回流强度和横向流速增大,而回流范围有所缩小。在新水沙系列试验条件下,枢纽运用10年末,右电厂前回流区上端在凤凰山附近,距坝址约1600m,回流流速较小。当流量35000m³/s和流量45000m³/s、坝上水位145m,流量56700m³/s、坝上水位147m时,最大表面回流流速分别为0.34m/s、0.35m/s、0.38m/s;右电厂前流向地下电站的横向流速分别为0.32m/s、0.37m/s、0.41m/s。在新水沙系列试验条件下,枢纽运用20年末,右电厂前的流态与枢纽运用10年末基本相同,但回流强度有所增大。当流量35000m³/s和流量45000m³/s、坝上水位145m,流量56700m³/s、坝上水位147m时,右电厂前最大表面回流流速分别为0.38m/s、0.46m/s、0.44m/s;右电厂前流向地下电站的横向流速分别为0.44m/s、0.51m/s、0.58m/s。在新水沙系列试验条件下,枢纽运用30+2年末,右电厂前回流被压缩到偏岩子山左侧900m范围内,回流强度进一步增大。当流量35000m³/s和流量45000m³/s、坝上水位145m,流量56700m³/s、坝上水位147m时,右电厂前最大表面回流流速分别为0.43m/s、0.49m/s、0.52m/s,右电厂前流向地下电站的横向流速分别为0.48m/s、0.56m/s、0.64m/s。

地下电站:地下电站的来水由两部分组成,一小部分来源于地下电站左侧与右电厂相邻的连通道,其余大部分来源于电站引水渠进口,两部分来水汇合后在地下电站前形成复杂的流态。由于地下电站位于右电厂的右侧,处于右电厂前回流区内,并受上游凤凰山嘴的控制,因此,在汛期大流量时,地下电站引水渠内水流流态较复杂,在电站前左、右两侧各有一个反向回流区A和B,左侧回流区的回流强度大于右侧,两回流中间区域为具有一定行进流速垂直于坝轴线的水流,在引水渠进口靠凤凰山附近有一较大回流区 C。随着枢纽运用年限增加,电站引水渠内表面行近流速逐渐增大,电站前回流区范围逐渐缩小,回流强度逐渐增加。枢纽运用 10 年末,当流量 35000m³/s 和流量 45000m³/s、坝前水位 145m,流量 56700m³/s、坝上水位 147m 时,电站前缘最大表面行进流速分别为 0.37m/s、0.44m/s、0.54 m/s;引水渠进口最大表面流速分别为 0.51m/s、0.58m/s、0.64m/s。左侧偏岩子山体附近回流流速 0.36 ~ 0.43m/s,右侧文昌阁至茅坪防护坝附近回流流速 0.30 ~ 0.33m/s,引水渠进口靠凤凰山侧回流区流速 0.25 ~ 0.32m/s。枢纽运用 20 年末,当流量 35000m³/s 和流量 45000m³/s、坝前水位 145m,流量 56700m³/s、坝上水位 147m 时,电站前缘最大表面行近流速分别为 0.49m/s、0.59m/s、0.68 m/s;引水渠进口最大表面流速分别为 0.60m/s、0.71m/s、0.78m/s;左侧偏岩子山体附近回流流速 0.44 ~ 0.50m/s,右侧文昌阁至茅坪防护坝附近回流流速 0.34 ~ 0.40m/s,引水渠进口靠凤凰山侧回流区流速 0.30 ~ 0.38m/s。枢纽运用 30 + 2 年末,当流量 35000m³/s 和流量 45000m³/s、坝前水位 145m,流量 56700m³/s、坝上水位 147m 时,电站前缘最大表面行近流速分别为 0.57m/s、0.66m/s、0.74 m/s;引水渠进口最大表面流速分别为 0.68m/s、0.79m/s、0.85m/s;左侧偏岩子山体附近回流流速 0.47 ~ 0.60m/s,右侧文昌阁至茅坪防护坝附近回流流速 0.38 ~ 0.44m/s,引水渠进口靠凤凰山侧回流区流速 0.35 ~ 0.48m/s。

连通道:连通道水流的流速、流态及过流量与引水渠的淤积地形和地下电站的引水量有关。枢纽运用 10 年末,当流量 35000m³/s 和流量 45000 m³/s、坝前水位 145m,流量 56700m³/s、坝前水位 147m 时,连通道内最大表面流速分别为 0.28m/s、0.36 m/s、0.40m/s,连通道进流量分别占地下电站引水流量的 3.1% 、4.0% 、5.8%。枢纽运用 20 年末,当流量 35000m³/s 和流量 45000 m³/s、坝前水位 145m,流量 56700m³/s、坝前水位 147m 时,连通道内最大表面流速分别为 0.34m/s、0.40 m/s、0.43m/s,连通道进流量分别占地下电站引水流量的 3.5% 、4.3% 、6.3%。枢纽运用 30 + 2 年末,当流量 35000m³/s 和流量 45000 m³/s、坝前水位 145m,流量 56700m³/s、坝前水位 147m 时,连通道内最大表面流速分别为 0.46m/s、0.49m/s、0.53m/s,连通道进流量分别占地下电站引水流量的 4.8% 、5.2% 、7.5%。

电厂前泥沙淤积   左电厂:左电厂位于溢流坝左侧,在枢纽运用过程中,左电厂前为回流淤积区。随着枢纽运用年限的增加,左电厂前淤积逐渐增大,并朝冲淤平衡方向发展。枢纽运用 10 年末,电厂前缘 30m 处的累积淤积高程均未超过电厂进水口底板高程 110m,最大淤积高程为 96.3m;枢纽运用 20 年末,电厂前缘 30m 处的累积淤积高程均未超过电厂进水口底板高程 110m,最大淤积高程为 100.7m;枢纽运用 30 + 2 年末,电厂前缘 30m 处的累积淤积高程均未超过电厂进水口底板高程 110m,最大淤积高程为 106.5m;由于左电厂运用时在厂前形成稳定的进水漏斗,因此厂前淤积不影响电厂正常取水。

右电厂:右电厂前三期碾压混凝土横向围堰拆除高程为110m,在一定程度上起拦沙作用。随着枢纽运用年限的增加,右电厂前淤积逐渐增大,并朝冲淤平衡趋势发展。枢纽运用10年末,电厂前缘30m处的累积淤积高程均未超过电厂进水口底板高程110m,最大淤积高程为90.8m;枢纽运用20年末,电厂前缘30m处的累积淤积高程仍未超过电厂进水口底板110m高程,最大淤积高程为91.8m;枢纽运用30+2年末,电厂前缘30m处的累积淤积高程仍未超过电厂进水口底板110m高程,最大淤积高程为93.6m;由于右电厂运用时在厂前形成稳定的进水漏斗,故不影响电厂正常取水。

地下电站:地下电站在2013年开始运行,电站前引水渠的淤积随着枢纽运用年限的增加逐渐增大,并朝冲淤平衡趋势发展。枢纽运用10年末,引水渠内累积淤积量为380万m³,淤积高程90～136.0m;电厂前缘30m处累积淤积高程101.5～102.9m;按145m水位控制,引水渠进口水面宽1100m,过水面积45070m²。枢纽运用20年末,引水渠内累积淤积量为540万m³,淤积高程96.0～138.2m;电站前缘30m处累积淤积高程103.8～105.2m;按145m水位控制引水渠进口水面宽1100m,过水面积43840m²。枢纽运用30+2年末,引水渠内累积淤积量为945万m³,淤积高程102.4～140.1m;电站前缘30m处累积淤积高程106.1～107.3m;按145m水位控制引水渠进口水面宽1100m,过水面积36010m²。由于地下电站运用时在电站前形成稳定进水漏斗,故不影响电站正常取水。

连通道:地下电站与右电厂间的偏岩子山体被部分开挖成连通道,在地下电站运用过程中,右电厂前表层部分水体通过连通道进入地下电站,并具有一定流速,由于连通道底部高程相对较高(140m),在枢纽运用过程中,通过连通道的水体含沙量低,水体中悬移质粒径细,大部分泥沙被带入地下电站排往下游,因此,在连通道底部淤积较少,枢纽运用10年末,连通道底部淤积厚度约0.2m;枢纽运用20年末,连通道底部淤积厚度约0.4m;枢纽运用30+2年末,连通道底部淤积厚度约0.7m。在枢纽运行过程中,地下电站前泥沙淤积特点表现为,一是电站引水渠内泥沙淤积随枢纽运用年限的增加而增大,枢纽运用至30+2年,电站前30m处累积淤积高程未超过电站进水口底板高程113m,引水渠淤积高程未超过145m,渠内形成偏靠偏岩子山体的深槽;二是地下电站左侧连通道在枢纽运用过程中泥沙淤积较少,不会对过流产生大的影响。

4.2.3 模型试验结果与以往研究成果对比分析

以往研究对泥沙淤积预估主要是基于1960—1970年水沙系列和1991—2000年水沙系列,来沙量相对较大。而实测资料表明,三峡水库于2003年开始蓄水以来入库水沙条件发生了改变,泥沙大幅减少。本次模型试验进行了新水沙系列下坝区泥沙淤积系列试验,各次模型试验除试验水沙条件不同外,模型试验的起始地形、枢纽运用方式也难以一致,因此各次试验结果不能直接对比,本次对比分析仅是简单的和初步的。

（1）模型进口来沙量比较

本次模型试验进口的流量和含沙量过程,采用长江科学院三峡水库泥沙淤积新水沙系列计算成果。该计算成果采用 20 世纪 90 年代系列,并考虑嘉陵江草街和亭子口建库、金沙江溪洛渡和向家坝建库的减沙作用,新水沙系列排序为 1994—2000年,1991—1993 年。考虑长江上游干支流建库拦沙影响后,三峡水库入库泥沙减少明显,模型进口来沙量也明显减少,根据数模提供成果,以泥沙淤积试验第 2 个 10 年计算,枢纽运用 10～20 年坝区来沙仅占 20 世纪 90 年代天然来沙量的 39.2%,枢纽运用 20～30 年坝区来沙占 90 年代天然来沙量的 39.6%。

（2）坝区泥沙淤积量比较

坝区泥沙淤积量比较见表 4-2-4。枢纽运用 1～10 年过程中,由于枢纽运用方式与起始地形都不一致,尤其是汛限水位和消落水位的差别,使坝区淤积量差别较大,不能直接比较。

表 4-2-4　　　　　不同水沙系列坝区上游河段泥沙淤积量表　　　　（单位:亿 m³）

	河段范围	泥沙淤积试验年份		
		10 年末	20 年末	30 +2 年末
20 世纪 60 年代系列	坝上 6.8km	1.05 *	2.41	3.7
	坝上 15.5km	1.91 *	4.27	6.19
20 世纪 90 年代系列	坝上 6.8km	0.46	0.86	1.48
	坝上 15.5km	0.82	1.52	2.53
新水沙系列（20 世纪 90 年代减沙系列）	坝上 6.8km	0.73	1.05	1.58
	坝上 15.5km	1.08	1.64	2.47

注:标" * "为 6 年末淤积量

考虑长江上游建库拦沙后,坝区泥沙淤积量减小,与 20 世纪 60 年代系列相比,每 10 年泥沙淤积量减小 56.8%～59.7%,与 20 世纪 90 年代系列相比,每 10 年泥沙淤积量减小 16%～20%。

（3）上下游引航道通航水流条件比较

与以往研究成果对比,上引航道与以往研究成果对比,淤积部位与淤积规律基本一致,枢纽运用 30 +2 年内引航道无需清淤。下引航道与以往研究成果对比,枢纽运用不同年限,其淤积机理基本一致。在新水沙系列试验条件下,下游引航道及口门外处于淤积状态,但淤积量不大,主要受上游来水来沙及航道前期清淤影响,遇大水大沙年,泥沙淤积容易造成引航道口门区与连接段碍航。

（4）电厂前流速流态比较

与以往研究成果对比，电厂前沿的水流流态无明显变化，泥沙淤积不影响电厂取水。在新水沙系列试验条件下，枢纽运用 30 + 2 年末：左电厂前回流强度稍有增大，而回流范围缩小；右电厂前回流范围有所缩小，回流强度增大，右电厂前流向地下电站的横向流速也有所增加；地下电站引水渠内表面行近流速稍有增大，电站前回流区范围稍有缩小，回流强度稍有增加；连通道内最大表面流速和进流量占地下电站引水流量比例均有所增加。

（5）电厂前泥沙淤积比较

与以往研究成果对比，模型来沙减少，泥沙粒径变细，电厂前沿泥沙累积淤积高程有所增加，但均未超过电厂进水口底板高程，在连通道底部泥沙淤积较少。

5　宜昌至杨家脑河段整治研究

利用三峡工程蓄水运用后的实测资料,分析研究葛洲坝水利枢纽下游近坝段和芦家河等浅滩河段的冲淤变化特性,利用泥沙数学模型和实体模型研究揭示三峡工程运用不同时期宜昌至杨家脑河段河道、浅滩冲淤演变规律,提出河道整治、改善通航条件的方案。

5.1　三峡工程运用后宜昌至杨家脑河段综合整治方案研究

5.1.1　宜昌至杨家脑河段航道现状

宜昌至杨家脑河段包括宜昌港水道、白沙老水道、虎牙峡水道、古老背水道、云池水道、宜都水道、白洋水道、龙窝水道、枝城水道、关洲水道、芦家河水道、枝江水道、刘巷水道和江口水道(见表5-1-1)。宜昌港水道、白沙老水道、虎牙峡水道、古老背水道为长江中游航道的起始段,航道条件较好,系优良水道。云池以下各水道特性如下。

云池水道:属微弯型水道,河宽一般为1100~1200m,主流从云池顺左岸而下,航道水深良好,右岸为云池缓流航道。

宜都水道:属弯曲型水道,弯道中心角95°,弯曲半径2200m,弯道两端窄,河宽约1100m,中间宽达1800m,在弯顶略下的右岸有支流清江成80°左右交角汇入。水道中央有一水下潜洲—南阳碛将水道分为左右两泓,左为沙泓,右为石泓,宜都水道的碍航月份一般为12—3月。

白洋、龙窝、枝城水道:属单一微弯道水道,河宽一般为1300~1700m,主流、深泓靠左侧凹岸。上述水道航道条件良好,从未出现过碍航情况。

芦家河水道:属微弯放宽型水道,水道进口右侧有松滋河分流,河道宽度一般为1200~2200m,在水道放宽处河心有砾卵石碛坝,中洪水淹没,枯水出露,芦家河碛坝左右侧分别有沙泓、石泓两条航道,沙泓位于左侧,为枯水期主航道,石泓位于右侧,为中、洪水期主航道。由于主流摆动,年内航道由沙、石两泓交替使用。芦家河水道是长江中游重点维护的沙卵石浅滩河段之一,一般在汛后10—11月份出浅,属汛后落水期及中、洪水期浅滩,其航道问题主要表现为汛后水位退落,石泓水深不足而沙泓尚未冲开,不能满足设标水深时,航道出现"青黄不接"的紧张局面。芦家河水道自1953年以来,先后经历过十几次较大的疏浚、清障、爆破维护,但都没有从根本上解决芦家河水道的碍航问题。

枝江水道:属顺直分汊水道,河宽一般为1100~2000m,水道中部有一江心洲(称水陆洲或董市洲)将水道分为左、右两汊。左汊为董市夹,由于其上口一带淤积严重,已多年未开放;右汊为主航道,有两个航槽,主流由上游左岸昌门溪过渡至右岸李家渡,沿李家渡过肖家堤拐挑向左岸枝江县城下。枝江水道是长江中游重点维护的沙卵石浅滩河段之一,存在有上、下两个浅区:上浅区位于李家渡至肖家堤拐一带,由于其河床组成为砾卵石与黏土的胶结层且高程较高,航槽难于冲刷,以致当枯水位降到一定程度后,航道水深出现不足;下浅区位于董市汊道右汊,主流由肖家堤拐向左岸枝江县城过渡,下浅区由董市洲尾泥沙淤积体与右岸张家园边滩的沙埂形成。

江口水道:属微弯分汊水道,河宽一般为1100~2100m,水道中部有一江心洲(称柳条洲或江口洲)将水道分为左、右两汊,左汊为支汊,习称江口夹。江口夹有两个出口,上出口为中夹口,下出口为下夹口。右汊为主汊,主航道所在河槽,主流由左岸枝江县城下逐渐过渡到右岸刘巷,然后顺上、下曹家河经吴家渡过渡到左岸七星台。江口水道在20世纪80年代后期以前一直属优良水道,航道条件较优越。20世纪90年代以后,随着江口下夹口的逐年淤积和江口中夹的不断冲刷,在江口汊道右汊形成了一道碍航沙埂,导致江口水道航道条件恶化,使之成为碍航浅滩河段。

综上情况可见,宜昌至杨家脑河段除了上述4处碍航浅滩,即宜都、芦家河、枝江、江口,其他水道的航道条件均较好。

表 5-1-1		三峡水库坝下游航道基本情况	
序号	水道名称	平面形态	航道情况
1	宜昌港水道	微弯	优良
2	白沙老水道	顺直分汊	优良
3	虎牙峡水道	顺直型	优良
4	古老背水道	顺直型	优良
5	云池水道	顺直型	优良
6	宜都水道	弯曲分汊	碍航
7	白洋水道	弯曲型	优良
8	龙窝水道	单一微弯	优良
9	枝城水道	单一微弯	优良
10	芦家河水道	微弯放宽	碍航
11	枝江水道	顺直分汊	碍航
12	江口水道	微弯分汊	碍航

5.1.2 三峡水库坝下游宜昌至杨家脑河段河床演变

(1)冲淤变化

宜昌至杨家脑河段上起宜昌市镇川门,下至枝江市百里洲尾的杨家脑(见图5-1-1),全长约115km。河段处于低山丘陵地区过渡到平原地区的连接段,河道蜿蜒曲

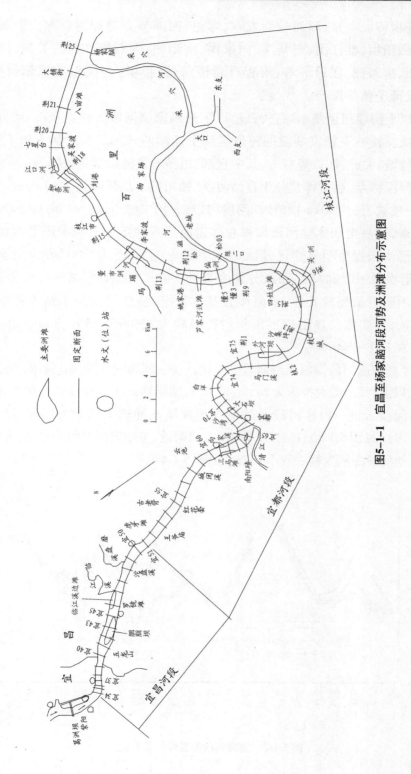

图5-1-1 宜昌至杨家脑段河势及洲滩分布示意图

折,泥沙堆积特征明显,洲滩较为发育,弯道、洲滩节点与深槽并存。洲碛、边滩节点沿程有胭脂坝、临江溪、三马溪、向家溪、南阳碛、大石坝、四姓、关洲、偏洲、芦家河、董市洲、柳条洲、江口洲等;沿程有卷桥河、胭脂坝(左汊)、艾家镇、红花套、云池、白洋及狮子脑等深槽。

云池以上河段河道基本顺直,云池以下至杨家脑河段则弯道众多,河向多变,红花套至枝城及枝城至杨家脑段的河道呈两个连续的 S 形。弯道从上至下沿程有宜都、白洋、枝城、关洲、江口等弯道,其中宜都、白洋弯道河床变化较剧烈。

按照河段特点,通常将其分为宜昌河段(镇川门—虎牙滩,长约 19km)、宜都河段(虎牙滩—枝城,长约 40km)和枝江河段(枝城—杨家脑,长约 56km)等 3 个河段。

多年来,宜昌至杨家脑河段深泓总体走向基本稳定。三峡水库蓄水运用后,宜昌河段深泓尚未发生明显变化,但局部河段有一定摆动,如 2002 年 9 月至 2003 年 10 月,胭脂坝段上段和局部深泓分别右移约 140m、100m;宜都河段深泓除在大石坝及外河坝附近摆幅较大外,平面位置基本稳定;枝江河段深泓基本稳定,但局部河段摆幅稍大,如陈二口附近主泓年内摆幅较大,摆幅为 150～300m,在马家店附近摆幅也为 150～300m。

宜昌至杨家脑河段深泓纵剖面呈锯齿状,三峡水库蓄水运行后,深泓冲刷下切。其中:胭脂坝以上河段,最大冲深为 6.1m(宜 43),胭脂坝以下河段冲淤变化不大(见图 5-1-2);宜都河段云池—白洋河段及外河坝至枝城段冲刷下切较为明显,最大冲深为 14.2m(宜 70)(见图 5-1-3);枝江河段内陈二口附近、董市附近下切明显,最大冲深 3.6m(董 5),其他河段深泓变幅一般小于 1m(见图 5-1-4)。

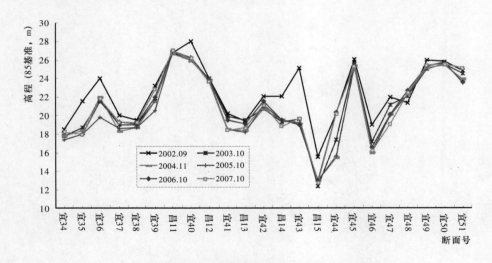

图 5-1-2　宜昌河段深泓纵剖面变化图

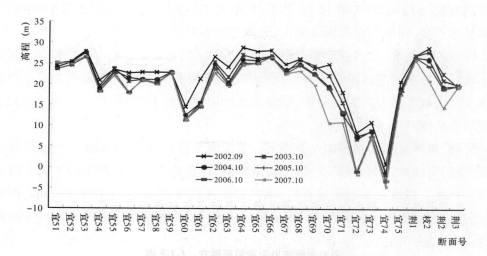

图 5-1-3　宜都河段深泓纵剖面变化图

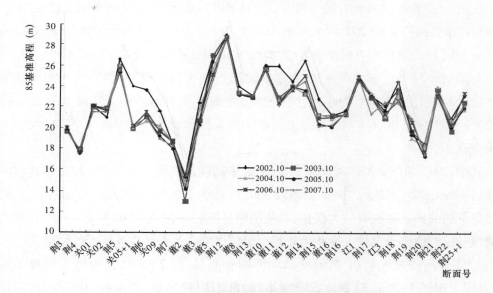

图 5-1-4　枝江河段深泓纵剖面变化图

宜昌至杨家脑河段主要有胭脂坝、南阳碛、关洲、芦家河、董市洲、柳条洲、江口洲等 7 个江心洲,以及临江坪、三马溪、向家溪、大石坝、四姓边滩、偏洲等 6 个主要边滩。

（2）洲滩变化

三峡水库蓄水运行以来,洲滩形态未发生明显变化,但总体冲刷有所萎缩,边滩的冲刷程度略大于心滩。各洲滩变化情况如下:

胭脂坝　三峡水库蓄水后,胭脂坝冲刷明显,面积减小,洲头后退约 170m,面积也有所减小;2004—2006 年坝体略有回淤,2007 年 8 月则略有冲刷,洲头后退约 50m,

洲尾则上提约15m;2007年12月,胭脂坝有少许泥沙回淤,坝头向上游扩展约65m,尾部基本不变,洲体面积有少许增大,洲体宽度则基本保持不变。

1983—2007年12月,胭脂坝洲体呈明显萎缩的态势,长度减小近300m,双洲头由于水流的冲刷回缩成单洲头,洲体面积减小约14%,尤其是1998年大洪水胭脂坝洲体发生大幅度回淤以后的时期,胭脂坝的冲刷速率加大,2007年8月洲体面积为历年实测最小值。

另外,近年来胭脂坝洲体及下游河段人为偷采砂石料严重,胭脂坝坝面胶结层遭到严重破坏,洲体及河床处于一种不稳定状态,容易造成河段更严重的冲刷下切。

南阳碛 三峡水库蓄水运行后,南阳碛以冲刷萎缩为主,主槽逐年冲刷,滩体变窄、面积萎缩。2002年9月至2006年10月,南阳碛潜洲(33m等高线)面积由0.82km²减小至0.30km²,滩体最大宽度也由715m减小至470m;但洲顶高程由37.8m增高至40.2m。

关洲 多年来,关洲相对较为稳定。三峡水库蓄水运用后,关洲洲体表现为"淤长—冲刷",蓄水后的第一年(2002年9月至2003年10月),关洲洲体有所淤长,面积由4.83km²增大至5.15 km²,之后则有所冲刷萎缩,2006年10月面积减小至4.67km²。

芦家河碛坝 近年来芦家河碛坝基本稳定,滩头与滩尾变化较大,一般表现为大水年滩头冲刷,滩尾淤积,而小水年则相反,滩头淤积滩尾冲刷。三峡水库蓄水运用后,2002年9月至2006年10月芦家河碛坝洲顶高程淤高约0.7m,长度有所减小,但面积变化不大。

其中:2003年芦家河碛坝淤积明显,35m等高线范围明显扩展,与2002年比较滩头上移约490m,滩尾下延约710m,面积较2002年增大1.2倍,滩顶高程增加1m。同时松滋河口下的偏洲边滩也有较大淤积,其范围明显扩展,面积是2002年1.2倍。该年芦家河碛坝及偏洲边滩出现较大淤积主要是上游河段冲刷的泥沙在此落淤的结果。

2004年河段来水偏枯,芦家河碛坝冲刷较明显,与2003年比较滩头位置基本不变,滩尾上提约1020m,滩宽也有所减小,碛坝面积仅为2003年的50%左右,洲顶高程也略有下降。同时偏洲边滩也因冲刷而明显萎缩,面积明显减小。

2006年为特枯水年,芦家河碛坝冲刷明显。与2004年相比,滩头下挫700m,滩尾则上提230m,面积为0.65km²,是2004年的80%,是2002年的97%,但洲顶高程略有淤高。同时偏洲也明显冲刷,面积只有2004年的76%。

董市洲 董市洲距葛洲坝水利枢纽工程90km。在三峡水库蓄水运行后,董市洲(35m等高线)略有冲刷萎缩,洲体面积总的变化不大;但其由原来的一个整体分成两部分,长度也略有增加,主要是洲头有所淤积,形态变化不大。

柳条洲 柳条洲距葛洲坝水利枢纽工程101km。三峡水库蓄水运行后,洲体形态基本稳定,但洲头部分有所冲刷、后退,面积也有所萎缩,由2002年9月的1.37km²

减小至 2006 年 10 月的 1.26 km²。

江口洲　江口洲距葛洲坝水利枢纽工程 105km。三峡水库蓄水运行后,洲体稳定少变。

（3）边滩变化

三峡水库蓄水后临江溪边滩、三马溪边滩、向家溪与曾家溪边滩、大石坝边滩、四姓边滩、偏洲等边滩明显冲刷,面积都有所萎缩。

（4）深槽变化

宜昌至杨家脑河段高程低于 25m 的较大深槽,从上到下有卷桥河深槽、胭脂坝深槽、艾家镇深槽、红花套深槽、云池深槽、白洋弯道深槽及狮子脑深槽等。三峡水库蓄水运行后,深槽冲刷发展,槽底高程降低。2002 年、2003 年、2004 年、2006 年等 4 年深槽总面积分别为 9.39km²、11.51km²、13.56km²、15.20 km²。深槽冲刷主要以纵向发展为主,深槽长度增加明显,槽宽则基本稳定。其中:冲刷发展较快的深槽有白洋弯道深槽和红花套深槽,白洋弯道深槽每年以近 1km 的速度向上游扩展,至 2006 年底该深槽长约 10km,比蓄水前增长近 4km,在弯道处深槽宽度向凸岸有所扩展。红花套深槽则逐年向下游方向扩展,至 2006 年底该深槽与云池深槽已经连通,并扩展到宜都弯道处。

（5）冲淤量

根据 2002 年 9 月、2003 年 10 月、2004 年 11 月、2005 年 10 月、2006 年 10 月、2007 年 10 月固定断面和地形资料计算,三峡水库蓄水运行期以来,宜昌至杨家脑河段累积冲刷量为 1.506 亿 m³,平均冲刷强度 130.4 万 m³/km。其中宜昌河段冲刷 0.173 亿 m³,占总冲刷量的 11.5%,宜都河段冲刷 0.861 亿 m³,占总冲刷量的 57.1%,枝江河段冲刷 0.472 亿 m³,占总冲刷量的 31.4%。宜昌至杨家脑河段河床冲淤计算结果分别见表 5-1-2、图 5-1-5。

由图表可见,三峡水库蓄水运用以来河床强冲刷带有逐年下移趋势,沿程冲刷的趋势比较明显,且以白洋弯道附近冲刷最为强烈。

三峡水库蓄水运用后,宜昌至杨家脑河段河床普遍冲刷,床沙粒径明显粗化。据宜昌站实测资料,其中值粒径 d_{50} 逐年变粗,由 2001 年 12 月的 0.17mm 变粗为 2007 年 12 月的 12mm 左右。宜昌至杨家脑河段沙质河床或沙夹卵石河床也逐步演变为卵石夹沙河床。

综上所述,三峡水库蓄水运行以来,宜昌至杨家脑河段河势总体稳定,但河床冲刷明显,强冲刷带逐年下移,且以白洋弯道附近冲刷最为强烈。2002 年 9 月—2007 年 10 月累积冲刷量为 1.506 亿 m³,其中宜昌、宜都、枝江河段冲刷量分别占总冲刷量的 11.5%、57.1% 和 31.4%。河床冲刷主要集中在枯水河槽,河道内深槽面积逐年扩大,洲滩则冲刷萎缩,且边滩的萎缩幅度大于心滩。随着河床冲刷,床沙粒径逐年粗化趋势明显。

表5-1-2

三峡水库蓄水运行以来宜昌至杨家脑河段冲淤量统计表

时段	河槽 河段	Q=5000m³/s 宜昌河段	宜都河段	枝江河段	宜昌—杨家脑	Q=10000m³/s 宜昌河段	宜都河段	枝江河段	宜昌—杨家脑	Q=30000m³/s 宜昌河段	宜都河段	枝江河段	宜昌—杨家脑	Q=50000m³/s 宜昌河段	宜都河段	枝江河段	宜昌—杨家脑
	长度(km)	19.4	39.6	56.5	115.5	19.4	39.6	56.5	115.5	19.4	39.6	56.5	115.5	19.4	39.6	56.5	115.5
2002.09—2003.10	冲淤量(10⁴m³)	-1044	-1867	-320	-3231	-1099	-1927	-254	-3280	-1345	-2420	-33	-3798	-1359	-2309	14	-3654
	冲淤强度(10⁴m³/km)	-53.8	-47.1	-5.7	-28	-56.6	-48.7	-4.5	-28.4	-69.3	-61.1	-0.6	-32.9	-70.1	-58.3	0.2	-31.6
2003.10—2004.11	冲淤量(10⁴m³)	-91	-1550	-768	-2409	-63	-1691	-1055	-2809	-401	-1653	-1307	-3361	-413	-1653	-1319	-3385
	冲淤强度(10⁴m³/km)	-4.7	-39.1	-13.6	-20.9	-3.2	-42.7	-18.7	-24.3	-20.7	-41.7	-23.1	-29.1	-21.3	-41.7	-23.3	-29.3
2004.11—2005.10	冲淤量(10⁴m³)	88	-2261	-923	-3096	107	-2386	-869	-3148	114	-2423	-956	-3265	128	-2415	-1039	-3326
	冲淤强度(10⁴m³/km)	4.5	-57.1	-16.3	-26.8	5.5	-60.3	-15.4	-27.3	5.9	-61.2	-16.9	-28.3	6.6	-61	-18.4	-28.8
2005.10—2006.10	冲淤量(10⁴m³)	222	-267	-403	-448	227	-250	-659	-682	241	-251	-642	-652	243	-237	-549	-543
	冲淤强度(10⁴m³/km)	11.4	-6.7	-7.1	-3.9	11.7	-6.3	-11.7	-5.9	12.4	-6.3	-11.4	-5.6	12.5	-6	-9.7	-4.7
2006.10—2007.10	冲淤量(10⁴m³)	-311	-1888	-1051	-3250	-332	-1965	-1170	-3467	-334	-1967	-1651	-3952	-329	-1994	-1831	-4154
	冲淤强度(10⁴m³/km)	-16.0	-47.7	-18.6	-28.1	-17.1	-49.6	-20.7	-30.0	-17.2	-49.7	-29.2	-34.2	-17.0	-50.4	-32.4	-36.0
2002.09—2007.10	冲淤量(10⁴m³)	-1136	-7833	-3465	-12434	-1160	-8219	-4007	-13386	-1725	-8714	-4589	-15028	-1730	-8608	-4724	-15062
	冲淤强度(10⁴m³/km)	-58.6	-197.8	-61.3	-107.7	-59.8	-207.6	-70.9	-115.9	-88.9	-220.1	-81.2	-130.1	-89.2	-217.4	-83.6	-130.4

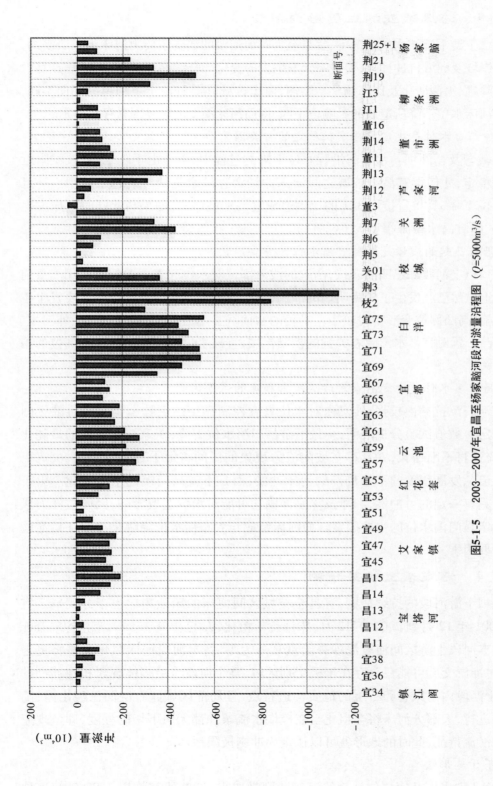

图5-1-5 2003—2007年宜昌至杨家脑河段冲淤量沿程图 (Q=5000m³/s)

5.1.3 河床演变的主要影响因素

在长江上游下泄清水的情况下,宜昌至大布街河段的演变主要由河床组成所制约,并且由于岸坡及洲滩抗冲性强,河势不会发生大的变化,河床演变问题关心的焦点是沿程的水位降幅、水深变化及比降调整。然而,由于枝城(陈二口)上下河道纵剖面不同,下游沙质河床水位下降所造成的影响也不同,因而河床演变的主导因素存在差别。

(1)陈二口水位是决定宜昌水位稳定的首要因素

荆江裁弯及葛洲坝蓄水引起沿程水位下降的过程中,正是由于陈二口、枝城附近水位首先稳定,才使得宜昌至枝城之间河床冲淤对宜昌水位的影响越来越小。一旦陈二口水位下降,其将直接以3:1的比例造成宜昌水位下降,如果与此同时河床发生冲刷,造成的宜昌水位降幅更大。

(2)沿程凸起的浅滩是控制宜昌水位的重要因素

陈二口以上河段深泓凹凸起伏,凸起的浅滩部位对水位起着主要控制作用。目前陈二口以上虽然已经发生了较为明显的冲刷,但实测资料显示沿程的冲刷主要发生于低凹的深槽,高凸部位变形相对较小。沿程的水面线显示,正是胭脂坝、宜都、外河坝、关洲等高凸位置对宜昌水位起着关键的控制作用,宜昌水位降幅较小与这些部位的稳定紧密相关。

(3)昌门溪水位是决定芦家河坡陡流急程度的主要因素

芦家河石泓抗冲性较强,沙泓内对水位具有控制作用的倒挂金钩石至姚港区间也十分稳定。数值试验分析表明,一旦下游昌门溪水位下降,芦家河水道内的最陡比降、最大流速将不断增大,并且存在坡陡流急现象的区间将上下延长。因此,决定芦家河坡陡流急发展程度的不是局部的河床冲淤,而是下游昌门溪的水位变化。由于枝江河段具有一定的可冲性,洲滩及深泓冲刷均可能对水位造成影响,因此枝江河段冲刷是决定昌门溪水位的主要因素。而河床组成与大布街水位降幅是决定江口河段演变的主要因素。

5.1.4 河道演变趋势预测

随着坝下游河段的持续冲刷,宜昌至枝城区间河床的床沙粗化也十分明显。宜昌站从2001年12月到2007年12月,床沙逐年粗化,d_{50}已由0.16mm增粗至5.4mm左右。在本河段上游区间河段泥沙补给量衰减为零后,本河段河床粗化调整将更为剧烈,届时冲淤交替可能只会存在于极个别区域,整个河段将更多体现累积性冲刷的特点,由于河段内河床有卵石层的地质构造特点,且局部区域卵石层面已经出露,随着冲刷的进行,大部分河床将会粗化至在极端水流条件都无法下切的程度,即呈现完全的山区河流特征,此时的地形就可以认定为冲刷极限地形。

(1)基于地形法

表5-1-3列出了几家单位计算的河床冲刷量成果,这些研究均以1993年河道地

形作为起始状态,各家的结果虽然存在数量上的差别,但其结论基本一致:枝城以上的冲刷主要集中于蓄水后前 10 年,相对于 1993 年其极限冲刷量约为 1.2 亿 m^3。实际的河道地形观测资料表明,1993—2005 年该河段冲刷 1.11 亿 m^3,与计算值已比较接近。

表 5-1-3　　　　宜昌至松滋口段相对于 1993 年地形的冲淤量　　　（单位:亿 m^3）

时间	水科院计算	长科院计算	天科所计算	1993—2005 年实测
蓄水后 10 年	1.08	0.73	1.07	1.11
蓄水后 20 年	1.14	0.73	1.25	

说明:表中宜昌至松滋口实测冲刷量数据来源是:1993 至 2002 年宜昌至枝城 5000 m^3/s 枯水河槽冲刷 0.30 亿 m^3,2002 至 2005 年宜昌至枝城平滩河槽冲刷 0.81 亿 m^3

此外,有关研究根据历年来河床地形下包线、河床组成勘测资料确定出宜昌至枝城沙卵石河床的冲刷极限地形,1993 年的河道地形相对于该极限地形可冲刷沙量约 1.41 亿 m^3,扣除 2005 年前已冲刷沙量 1.11 亿 m^3 之后,至 2005 年其剩余量仅约为 0.3 亿 m^3,这其中还包括了一部分推移质,悬沙部分还将更少。从长江泥沙公报公布的各年累积冲淤量沿程分布数据来看,至 2005 年红花套以上河段基本稳定,冲刷主要部位已下移到紧邻枝城的宜都河段,枝城以上的冲刷在较短的时期内即可完成。

(2)基于输沙量法

根据蓄水后宜昌、枝城、沙市以及松滋口、太平口的悬移质输沙量资料,通过输沙量法可以估算出各区间的冲刷情况,宜昌至枝城区间冲刷量持续减小的规律十分明显,而枝城至沙市河段 2005 年后冲刷量也持续减小,说明主要冲刷带已下移至沙市以下,枝城以上的床沙补给能力十分有限,2005—2007 年宜昌至枝城补给沙量平均值仅 0.084 亿 t/a。根据输沙量数据估计,蓄水后 2003—2007 年,宜昌至枝城区间悬移质冲刷量约为 0.75 亿 t(其中 2002—2005 年为 0.57 亿 t),再考虑推移质冲刷量之后,总冲刷量与地形法所计算的冲刷量 0.81 亿 m^3(2002—2005 年)比较接近。由此可见,宜昌至枝城之间可冲沙量有限,经历了三峡水库蓄水后近 5 年冲刷,剩余沙量已不多,对下游河段的补给能力非常有限。按照宜昌至枝城区间泥沙补给能力趋势线,该区间泥沙补给量按 0.05 亿 t/a 的速率衰减,2007 年补给量 0.15 亿 t,照此速率衰减,则只需 3 年该区间的泥沙补给量将趋于零。如果按照地形法的计算结果,至 2005 年宜昌至枝城尚余 0.3 亿 m^3 可冲沙量,按照 0.084 亿 t/a 的冲刷速率估计,可冲年限也只在 3~4 年。

(3)基于级配变化

随着坝下游河段的持续冲刷,宜昌至枝城区间河床的床沙粗化也十分明显。宜昌站从 2001 年 12 月到 2007 年 12 月,床沙逐年粗化,d_{50} 已由 0.16mm 增粗至 5.4mm

左右。即使是汛后,2007年枝城河段荆3断面的床沙 d_{50} 也已粗化至0.6mm,可见汛后枝城段河床中悬沙组成也仅是略大于50%。这与长江泥沙公报中的"至2005年红花套以上河段基本稳定,冲刷主要部位已下移到紧邻枝城的宜都河段"的结论基本吻合。

综上所述,不管是从输沙量法、地形法来探讨宜昌至枝城河段所余下的可冲沙量,还是分析近几年来床沙组成的粗化速度,都可以看出,上游区间河段的泥沙补给量将迅速衰减,也就是说,本河段入口总的泥沙(造床部分)来量还将大幅减少。

河段内河床的剧烈冲刷势必会对本河段水位比降产生影响,蓄水几年来河段内水位下降的溯源传递也正说明了这一点。根据相关研究以及多年水位变化分析可知,本河段内各个洲滩同时变化对水位影响的耦合效应要大于简单的累加效应,即在未来的冲刷过程中,沿程水位降幅将远在0.2m以上。

5.1.5　航道条件变化趋势

根据前文河床演变分析以及相关数学模型计算成果,本河段内的航道条件发展趋势预测如下:

(1)由于本河段泥沙补给能力有限,因此来沙量将持续减少,坝下河段不断地冲刷,芦家河水道河床粗化完成,枝江下浅区过渡段沙埂将进一步冲刷萎缩,江口过渡航槽不断冲宽,航道条件将不断改善。

(2)随着河床冲刷的持续,沙卵石河段下游的沙质河床还将继续冲刷,且其冲刷幅度远大于沙卵石河段,下游河段的水位将进一步下降,使得本水道的毛家花屋至姚港一带的流速和比降继续加大,"坡陡流急"碍航问题随着三峡水库运用时间的推移而加剧。

(3)未来枝江至江口水道的碍航问题将集中于枝江上浅区,由于底高床硬,即使长期受冲,也难以下切,在不采取工程措施的前提下,随着水位的下降,上浅区的水深条件将逐渐恶化。

(4)江口水道吴家渡过渡段浅区可冲层较为深厚,水深(航宽)不足的问题在短期内仍将存在。

5.1.6　丹江口水库下游演变参照

(1)丹江口水库出库水沙情况

丹江口水库坝下游河道自丹江口至汉口全长651 km。其中丹江口至皇庄268 km为中游,皇庄至汉口383 km为下游。丹江口至襄阳河段,两岸为低矮的山丘,右岸紧贴山脚,左岸离山地较远,河漫滩较宽阔。太平店以下右岸靠人工大堤约束。襄阳以下至皇庄左岸间断有些山丘,右岸却是平原。整个中游河道呈较明显的藕节状,在横向上又有明显的不对称性,多呈单向节点控制,河流最宽处达10km之多,河型为分汊与游荡型。皇庄以下至汉口则是平原型河流,两岸全靠人工大堤约束,宽窄相间,顺直与微弯相间。

太平店以上河段带有明显山区性河流特征，河床坡降较大，一般在 3/10000 左右；而襄樊至皇庄河床坡降一般在 1/10000 左右，皇庄以下至汉口坡降更小。整个中下游河道的河床组成均为沙质，丹江口至襄樊为粗沙，卵石埋藏较浅；襄樊以下为中细沙，卵石埋藏很深。

丹江口水库 1967 年建库以前，黄家港站多年平均水量为 $413 \times 10^8 m^3$，但流量变差较大，年内分配极不均匀。建库后削减了洪峰，流量过程变缓，枯季流量增大。建库前，黄家港站年平均含沙量为 $2.92 kg/m^3$，襄阳站年平均含沙量为 $2.64 kg/m^3$。建库后，来沙大部分被拦截在库内，黄家港年平均含沙量仅 $0.03 kg/m^3$。襄阳站也只有 $0.22 kg/m^3$。由于水库基本上是清水下泄，如果大坝不开孔泄洪，则黄家港站的含沙量为零，只有泄洪时才有极少量的沙，河段的来沙主要靠支流入汇和干流河床补给。实测资料统计表明，建库后黄家港站的沙量仅占入库沙量的 2%。

（2）丹江口水库坝下游冲刷特性

丹江口水库自 1960 年开始滞洪、1968 年开始蓄水，从滞洪开始汉江中下游即发生系统的长河段的冲刷。1960—1967 年为水库滞洪阶段，冲刷主要发生在碾盘山以上达 1.35 亿 m^3，其中，以宜城至碾盘山冲刷强度最大达 10.6 万 m^3/km。碾盘山以下冲淤不明显。1968—1978 年，碾盘山以上继续冲刷，达 1.10 亿 m^3，其中仍以宜城至碾盘山冲刷强度最大，达 5.8 万 m^3/km。碾盘山至泽口也发生明显冲刷，冲刷强度为 4.1 万 m^3/km，但在泽口以下发生大量淤积，共淤 0.911 亿 m^3，其淤积强度为 5.1 万 m^3/km。其原因是该段为窄深河道。1968—1978 年中枯水年多，流速相对较小，从而具有淤积的水力条件，加之汉江上游河段大量冲刷，致使该河段出现淤积；1979—1984 年，庙岗以上冲刷已停止，庙岗至襄阳冲刷也很微弱，冲刷强度下移。由于整个时期水最丰沛，连续大水年，故襄阳至碾盘山继续冲刷，冲刷强度达 10.9 万 m^3/km。碾盘山至新城冲刷强度为 6.6 万 m^3/km。新城至泽口有所淤积。而泽口以下则大量冲刷，其冲刷强度为 11.9 万 m^3/km。

根据近期输沙资料统计，不同泄洪期坝下游丹江口至仙桃沿程冲淤显著，滞洪期浑水下泄的 1960—1967 年共 8 年，黄家港至碾盘山河段悬移质冲刷总量达 20578.3 万 t，平均每年冲 2572 万 t。而自 1968—1996 年共 29 年的蓄水期清水下泄，该河段共冲刷 41084 万 t，平均每年只冲刷 1416.7 万 t。由此可见，从悬移质年平均的冲刷值比较，则丹江口至碾盘山河段内，滞洪期浑水冲刷强度明显大于蓄水期清水冲刷强度。这主要是滞洪期，床沙可冲补给量多。蓄水期清水冲刷由于河床可冲床沙补给数量逐年减少，特别是襄阳以上河段河床组成为粗沙，卵石埋藏较浅，1978 年该段冲刷已达平衡。如滞洪期的 1965 年，皇庄站年水量 538.4 亿 m^3，当年丹江至皇庄段悬移质总冲刷量为 3596 万 t；而蓄水期的 1975 年，皇庄站年水量 655 亿 m^3，当年该河段只冲刷 2751 万 t;且 1989 年,皇庄站年水量为 636 亿 m³,而当年该河段冲刷量仅 1494 万 t。清水冲刷随着年限增长而逐年减弱。碾盘山(毫庄)至仙桃段,1960—1967 年共淤 19625 万 t,年平均淤 2453.1 万 t;1968—1996 年该河段内共冲 17345 万 t,年平均冲 598 万 t。滞洪期 1960—1967 年,黄家港至皇庄河段长 241km. 共冲 20587 万 t,而皇庄至仙桃段,河段长 228km,同期共淤 19625 万 t,说明坝下游河道内上冲下淤,其量大致相当,且上冲下淤河段长度也大致相近。清水冲刷期 1968—1996 年则坝下游河段内黄家港至碾盘山(皇庄)段共冲 41 084 万 t,而碾盘山(皇庄)至仙桃段内同期也冲刷,但只冲刷 17345 万 t。冲刷强度比上段要弱。但在碾盘山(皇庄)至仙桃段内。1960—1967 年滞洪 8 年的淤积量 19625 万 t。至蓄水运用后清水冲刷 1968—1996 年共 29 年,共只冲刷 17345 万 t。即至 1996 年止,碾盘山(皇庄)至仙桃段内,滞洪期的淤积量中,尚有 2280 万 t 淤积最未冲完。

为完整地描述坝下游丹江口至皇庄河道冲刷强度,采用 1960 年、1968 年、1978 年、1988 年等 4 年各分段 1/10000 地形资料,重新用电算计算各高程的冲刷量。计算的冲刷量比水量统计的要显大,主要是 2005 年的测图范围与往年不一致,加之王甫洲已建库运用,丹江口至光化河段已成库区,与以前历年容积已无法比较。另外丹江口至庙岗段,由于王甫洲水库兴建运用,该库段河段库容已不能作比较,在 2005 年测图中,该段只测至堤顶以内库区范围。根据此次地形测量 1960—1988 年冲刷量计算,丹江口至碾盘山共冲 47213 万 m³,输沙量法与地形法同期总量大致相当。

5.2 三峡工程运用后宜昌至杨家脑河段整治方案效果研究

5.2.1 芦家河水道航道整治定床模型试验

根据河演分析以及相关研究成果,芦家河水道的洲滩变化幅度较小,大部分河床较为稳定,且洲滩的演变对该水道局部"坡陡流急"碍航问题的影响较小,因此对芦家河水道航道整治仅开展定床模型研究。模型平面比尺为 300,垂直比尺为 100,变率为 3。模型长 180m。

模型按根据 2005 年 3 月实测 1∶10000 地形图进行模型制作,水位、流速分布和分流比等都进行了验证,与观测符合良好。

(1)整治方案

根据芦家河水道自身的特点,拟定了如下方案:在芦家河水道沙泓毛家花屋至姚港一带实施挖槽工程,开挖长度 2471m ,开挖宽度 200m,挖至高程 28.5m,清除沙泓中碍航礁石 40 号礁和上、下倒挂金钩石,开挖方量 88.4 万 m³;碛坝中下段靠左侧兴建隔流堤工程,全长 2636m,坝顶高程为 36m。推荐的控导工程方案见图 5-2-1。

测图时间：2002年5月

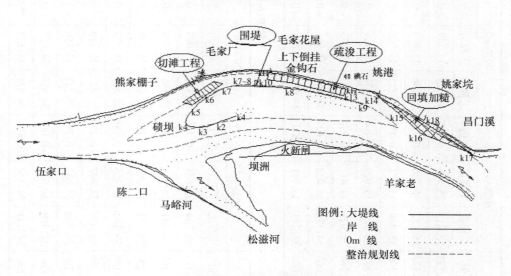

图 5-2-1 控导工程方案

模型中对控导工程方案定床试验，主要根据三峡水库蓄水后"清水"下泄引起河床冲刷后的地形变化，通过工程前后沿程水位变化、局部比降变化、断面流速分布的变化和分流比变化等试验比较，研究控导工程方案的效果以及对上游水位和周边环境的影响。

试验中开展了沙泓挖槽加宽到 300m 的试验，与开挖宽度 200m 进行比较，观察其对上游水位、局部比降等的影响；还进行了有鱼嘴方案试验，探讨鱼嘴的作用。

（2）工程前后水面线变化

芦家河水道航道整治工程以枯水整治为主，对中水期沿程水位的影响较小，对洪水期水位几乎无影响，所以研究重点放在枯水条件下水位的变化。研究有两个方案，一是只进行沙泓开挖，二是同时进行沙泓开挖和隔流堤工程。

①沙泓开挖工程。在 2005 年枯水地形下，沙泓航槽按床面高程 28.5m 开挖，开挖宽度 200m，对水位的影响如表 5-2-1。流量为 4548 m^3/s 时，沙泓本身水面降低较多，最大 0.296m，相应陈二口水位下降 0.233m，1 号水文断面水位下降 0.132m，虽在本水道自身消化部分水位降低，但仍对上游水位（枝城）产生影响，所以需增加辅助工程来进一步消化对上游水位降低的影响。从表中还可以看到，沙泓开挖对下游水位几乎没有影响。随着流量的增加，沙泓开挖对水位降低的影响逐步减少，当流量增加到 5470 m^3/s 时，对上游陈二口水位下降的影响有所减少。当流量增加到 6028 m^3/s 时，对上游陈二口水位下降值为 0.15～0.177m。当流量增大到 7070 m^3/s 时，陈二口水位下降为 0.123m，1 号水文断面水位下降 0.08～0.09m。当流量进一步增加时，水位变化更小。

表 5-2-1(a)　　　　　　　　　　　沙泓挖槽工程沿程水位　　　　　　　　　　　（单位:m）

水尺	地名	4548 m³/s			5470 m³/s			6028 m³/s			7070 m³/s		
		工程前	工程后	差值	工程前	工程后	差值	工程前	工程后	差值	工程前	工程后	差值
R1	1号水文(枝城大桥下)	35.146	35.019	-0.127	35.586	35.463	-0.123	35.813	35.706	-0.107	36.229	36.149	-0.080
R3	2号水文(关洲夹)	34.822	34.645	-0.177	35.229	35.056	-0.173	35.452	35.286	-0.166	35.846	35.746	-0.100
R4	3号水文(陈二口)	34.821	34.594	-0.227	35.205	35.005	-0.200	35.448	35.271	-0.177	35.828	35.705	-0.123
R7	4号水文(毛家厂)	34.528	34.344	-0.184	34.921	34.744	-0.177	35.195	35.029	-0.166	35.538	35.424	-0.114
R8	5号水文(毛家花屋)	34.429	34.152	-0.277	34.825	34.561	-0.264	35.029	34.815	-0.214	35.442	35.275	-0.167
R10	姚港右岸	33.776	33.705	-0.071	34.212	34.149	-0.063	34.482	34.432	-0.017	34.996	34.991	-0.005
R11	6号水文(昌门溪)	33.398	33.404	0.006	33.904	33.901	-0.003	34.141	34.141	0.000	34.684	34.681	-0.003

表 5-2-1(b)　　　　　　　　　　　沙泓挖槽工程沿程水位　　　　　　　　　　　（单位:m）

水尺	地名	4548 m³/s			5470 m³/s			6028 m³/s			7070 m³/s		
		工程前	工程后	差值	工程前	工程后	差值	工程前	工程后	差值	工程前	工程后	差值
L1	1号水文(枝城大桥下)	35.137	35.005	-0.132	35.594	35.471	-0.123	35.754	35.644	-0.110	36.181	36.094	-0.087
L4	2号水文(关洲)	34.851	34.668	-0.183	35.248	35.081	-0.167	35.481	35.354	-0.127	35.898	35.794	-0.104
L5	3号水文(陈二口)	34.836	34.603	-0.233	35.226	35.026	-0.200	35.453	35.303	-0.150	35.856	35.746	-0.110
L6	4号水文(毛家厂)	34.537	34.341	-0.196	34.900	34.707	-0.193	35.144	34.956	-0.188	35.537	35.374	-0.163
L7	上倒挂金钩石	34.531	34.334	-0.197	34.867	34.678	-0.189	35.073	34.897	-0.176	35.457	35.310	-0.147
L8	5号水文(毛家花屋)	34.283	33.987	-0.296	34.683	34.395	-0.288	34.900	34.637	-0.263	35.317	35.150	-0.167
L9	姚港	33.597	33.591	-0.006	34.110	34.115	0.005	34.380	34.379	-0.001	34.950	34.927	-0.023
L10	6号水文(昌门溪)	33.407	33.405	-0.002	33.901	33.905	0.004	34.141	34.144	0.003	34.674	34.674	0.000

表 5-2-2(a) 沙泓开挖和隔流堤工程前后水位变化表 (单位:m)

水尺	地名	流量 4548 m³/s			5470 m³/s			6028 m³/s			7070 m³/s		
		工程前	工程后	差值	工程前	工程后	差值	工程前	工程后	差值	工程前	工程后	差值
R1	1号水文(枝城大桥下)	35.146	35.025	-0.121	35.586	35.468	-0.118	35.813	35.714	-0.099	36.229	36.157	-0.072
R3	2号水文(关洲夹)	34.822	34.651	-0.171	35.229	35.063	-0.166	35.452	35.314	-0.138	35.846	35.753	-0.093
R4	3号水文(陈二口)	34.821	34.597	-0.224	35.205	35.017	-0.188	35.448	35.278	-0.170	35.828	35.718	-0.110
R7	4号水文(毛家厂)	34.528	34.348	-0.180	34.921	34.748	-0.173	35.195	35.034	-0.161	35.538	35.431	-0.107
R8	5号水文(毛家花屋)	34.429	34.160	-0.269	34.825	34.587	-0.238	35.029	34.824	-0.205	35.442	35.283	-0.159
R10	姚港右岸	33.776	33.707	-0.069	34.212	34.155	-0.057	34.482	34.441	-0.041	34.996	34.996	0.000
R11	6号水文(昌门溪)	33.398	33.411	0.013	33.904	33.905	0.001	34.141	34.138	-0.003	34.684	34.687	0.003

表 5-2-2(b) 沙泓开挖和隔流堤工程前后水位变化表 (单位:m)

水尺	地名	流量 4548 m³/s			5470 m³/s			6028 m³/s			7070 m³/s		
		工程前	工程后	差值	工程前	工程后	差值	工程前	工程后	差值	工程前	工程后	差值
L1	1号水文(枝城大桥下)	35.137	35.005	-0.132	35.594	35.477	-0.117	35.754	35.651	-0.103	36.181	36.099	-0.082
L4	2号水文(关洲)	34.851	34.668	-0.183	35.248	35.088	-0.160	35.481	35.364	-0.117	35.898	35.804	-0.094
L5	3号水文(陈二口)	34.836	34.603	-0.233	35.226	35.045	-0.181	35.453	35.315	-0.138	35.856	35.751	-0.105
L6	4号水文(毛家厂)	34.537	34.341	-0.196	34.9	34.712	-0.188	35.144	34.969	-0.175	35.537	35.377	-0.160
L7	上倒挂金钩石	34.531	34.334	-0.197	34.867	34.683	-0.184	35.073	34.915	-0.158	35.457	35.314	-0.143
L8	5号水文(毛家花屋)	34.283	33.987	-0.296	34.683	34.387	-0.296	34.900	34.661	-0.239	35.317	35.158	-0.159
L9	姚港	33.597	33.591	-0.006	34.11	34.111	0.001	34.380	34.337	-0.043	34.95	34.934	-0.016
L10	6号水文(昌门溪)	33.407	33.405	-0.002	33.901	33.903	0.002	34.141	34.138	-0.003	34.674	34.671	-0.003

②沙泓开挖和隔流堤工程。位于碛坝左侧中下段的隔流堤上接较高心滩，高程在 35.8～37.6m，沿碛坝左侧边缘向下，下至石泓向沙泓汇流姚港附近，形成完整的碛坝左侧边缘，同时封堵了天发码头一带的窜沟，从平面上看，形成了完整平顺微弯的沙泓。在沙泓增加隔流堤后，当流量为 4548 m^3/s 时，由于堤坝建在水边，对水位影响较小，见表 5-2-2。与只开挖沙泓相比，水位变化基本相似，有一点壅水作用，陈二口水位下降略小些。陈二口水位下降 0.217～0.224m，1 号水文断面水位下降 0.121～0.126m。随着流量增加，隔流堤对水位影响有加大趋势，较只开挖沙泓时，水位下降少些。

（3）工程后局部比降

由于芦家河存在局部比降大的问题，因而直接影响到船舶的正常通航，受三峡水库蓄水"清水"下泄的影响，这种局部比降有加大的现象，所以，局部比降是芦家河水道治理中一个重要问题，它是衡量工程效果的重要指标，只有解决了局部比降问题，才能达到解决通航条件问题。

①沙泓开挖后局部比降。挖槽是通过削平河床凸起部分，平整床面，使沿程比降拉平，达到消除局部较大比降的目的。芦家河水道沙泓出现较大局部比降的位置有 3 处，倒挂金钩石下、天发码头和 40 号礁。当流量在 4548m^3/s 时，最大局部比降出现在天发码头附近，达 12.31‰。沙泓开挖后，局部比降改变明显，沿程局部比降减小，倒挂金钩石下减小到 3.696‰，天发码头减小到 5.129‰，40 号礁 2.929‰，基本上达到了现行船舶通航条件，但距万吨船队通航水流条件仍有一定差距，还须配合其他整治工程才能达到目标，仅靠开挖沙泓是不够的。仅靠进一步开挖沙泓，局部比降可进一步减小，但同时也会进一步降低上游水位。

②沙泓开挖和隔流堤工程后局部比降。在沙泓开挖基础上增加隔流堤后，堵塞了毛家花屋一带缺口，形成较为平顺的河槽，消除了沙泓由于窜沟造成的流量变化。总体上看，局部比降变化与仅开挖沙泓相差不大，挖槽对缓解局部大比降起着主要作用，隔流堤工程相对作用小一些。

（4）工程后断面流速分布

从试验结果来看，沙泓开挖工程流量在 4548m^3/s 时，由于挖槽吸流作用，4 号断面沙泓流速增大，相应石泓流速减小。5 号断面沙泓在大流速处流速减小，最大的由 2.01m/s 减小到 1.72m/s，挖槽消除了较大流速，由于过水断面面积增加，总体流量还是增加的。流量在 6028m^3/s 时，断面流速总体上是沙泓上段增加，中部最大流速有所减小。

在沙泓开挖的基础上增加隔流堤后，流入窜沟的水流被堵住，由于隔流堤大多数是在岸上，因而枯水期对流速影响相对沙泓开挖来说小一些。与只开挖工程相比，上游 4 号断面的流速减小得少一些，下游 5 号断面流速增加略多一些。沙泓开挖和隔流堤工程后,在两级流量下,4 号断面沙泓流速有所增加,相应石泓有所减小。5 号断面沙泓最大流速显著降低。

(5)鱼嘴工程探讨

根据"十五"期间对芦家河水道研究成果,在碛坝头部兴建鱼嘴工程,鱼嘴头部设计高程为 34.5m,向下游逐步增高到 36 m,鱼嘴左右两侧分别接导堤和隔流堤。鱼嘴工程主要目的,是控制沙泓和石泓的分流比。从实验结果看,鱼嘴工程对抬高水位有作用,但不是很强。

5.2.2 枝江至江口河段航道整治定床模型试验

模型模拟河段上起枝城大桥,下至大布街河段,全长 54km,其中包括本次重点研究的枝江至江口河段 22km。模型平面比尺为 300,垂直比尺为 100,变率为 3。模型制作以 2007 年 3 月实测 1:10000 地形图为依据。模型对水面线、流速分布、分流比等进行了详细验证,验证结果与实际符合良好。

(1)整治方案

从稳定河槽格局的角度出发,优先考虑守护洲滩,对此提出了两套整治工程方案,另外又从提高该河段通航尺度的角度出发,在这两套工程方案上均附加了一个枝江上浅区的挖槽方案,模型对这 4 个整治工程方案进行定床试验,试验中分别按枯水流量 5000 m^3/s、整治流量 8750m^3/s 和洪水流量 56700m^3/s 进行研究。

方案一:

分别在水陆洲体、张家桃园、柳条洲和吴家渡边滩四个部位兴建守护与整治的工程。

在水陆洲兴建的工程有:水陆洲头部右侧铺设有"一横四纵"共 5 条护滩带,守护水陆洲头部稳定。横顺坝长为 568m,设计高程 35.75m(黄海高程、下同),四条纵护滩带长度依次为 436m、470m、386m 和 350m,纵护滩带顶部高程为滩面高程;水陆洲中部串沟处建有一锁坝,消除水陆洲右汊向左汊的分流。坝长 176m,坝顶设计高程为 35.45m;对水陆洲右缘及洲尾实施护岸,护岸长约 1200m。

在肖家堤拐至胡家河段建长顺坝,守护张家桃园边滩,适当缩窄河宽,稳定过渡航槽。坝长为 2605m,坝顶设计高程为 32.3m。

在柳条洲兴建的工程有:洲头低滩建顺坝一座,隔断枯水期右汊向左汊分流,坝长为 1490m,坝顶设计高程为 35.00m;柳条洲洲体中部建一锁坝,连接上下两块洲体形成一个较高洲面整体,坝长 200m,坝顶设计高程 35.00m;对柳条洲右缘及洲尾进行护岸守护,防止进一步冲刷,护岸长约 2900m。

在吴家渡边滩建有 5 座丁坝,形成完整边滩,适当缩窄河宽,有利过渡航槽冲刷和稳定,坝顶设计高程均为 34.9m,坝体长度依次为 72m、140m、197m、225m、240m。工程布置见图 5-2-2。

水陆洲洲头铺设顺坝和护滩带的目的是稳定滩头，防止滩头冲刷造成上游昌门溪水位的变化，同时也是为了导流归槽，稳定右汊主航槽；锁坝的作用是封堵水陆洲中部和柳条洲中部的串沟，稳定左右汊分流比，消除不利流态；水陆洲右缘下段及尾部和柳条洲右缘中下段及尾部的护岸目的是稳定滩体，防止洲尾进一步冲刷崩退。水陆洲洲尾冲失，水流分散，直接导致上浅区多槽出流而引起水深不足的碍航现象发生。柳条洲洲尾的冲退，流路弯曲，易引起跨河航槽的淤积。肖家堤拐至胡家河顺坝的目的是守护张家桃园边滩，适当集中水流，加大下浅区的冲刷力度，改善航道条件。柳条洲头部顺坝的作用是集中右汊水流，稳定分流比，并阻隔右汊向左汊的横流，改善流态。吴家渡边滩丁坝的作用是束窄河宽，调整水流，加大跨河航槽和吴家渡边滩的冲刷，拓宽航槽，改善航道条件。

方案二：

工程方案二与方案一的布置基本相同，主要在工程措施上有所不同。

在水陆洲兴建的工程有：水陆洲头部建有护滩鱼嘴一座，鱼嘴护滩长度为1828m，坝顶设计高程为36.0m，鱼嘴前部有一道格坝，有利坝田淤积和鱼嘴稳定。

水陆洲中部串沟处的锁坝和洲体右缘下段及洲尾的护岸与方案一相同。

在肖家堤拐至胡家河段建3座勾头丁坝，用于张家桃园守护和对过渡航槽稳定，坝顶设计高程为35.4m，坝长依次为163m、262m、252m。

在柳条洲兴建的工程有：洲头低滩建顺坝一座，在方案一的基础上再向上延伸，进一步拦截枯水期右汊向左汊分流，坝长为2640m，坝顶设计高程为35.00m；柳条洲洲体中部的锁坝和柳条洲右缘及尾部的护岸守护与方案一相同。

在吴家渡边滩建一座顺格坝（一顺三格），守护吴家渡边滩，有利过渡航槽稳定，坝顶设计高程均为34.9m，顺坝长度为1840m，3座格坝的长度依次为244m、280m、349m。工程布置见图5-2-3。

（2）方案一试验结果

水位变化：在枯水流量和整治流量下，工程后水位普遍增加，说明工程具有一定的壅水作用，最大水位增加主要在枝江上浅区和下曹家河一带，有7～8cm。在流量为56700m³/s时，工程部位水位虽有所增加，但其最大壅水值小于4cm，说明采取低水位整治的工程，对洪水位影响不大。

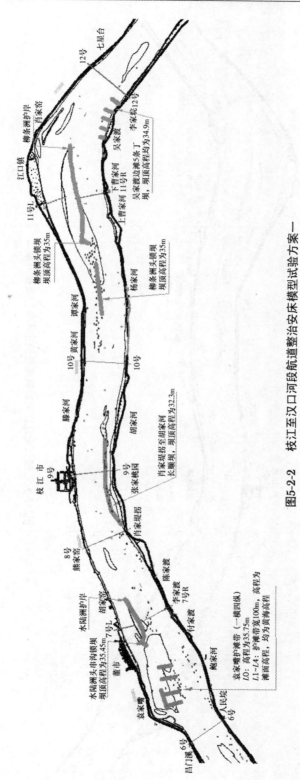

图5-2-2 枝江至汉口河段航道整治安床模型试验方案一

135

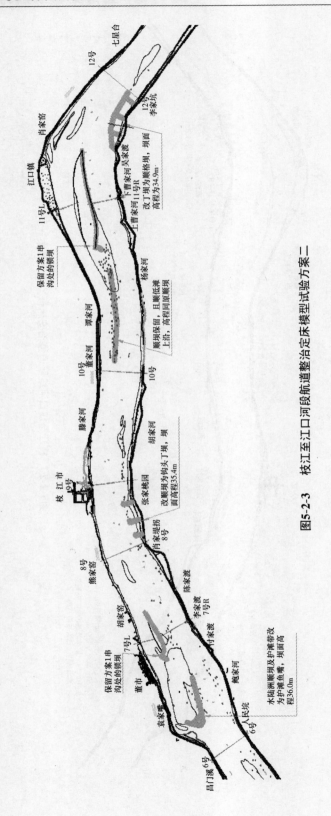

图5-2-3　枝江至江口河段航道整治定床模型试验方案二

断面流速变化:把水陆洲中部的串沟用锁坝封堵后,阻止了水流从右汊流往左汊,7 号断面左汊的流速减小,右汊的流速相应增加,枯水期改变多一些,对洪水影响较小,同时在水陆洲右缘护岸,有利洲体稳定;8 号水文断面工程后中枯水期靠中右侧流速有所增加,对冲刷过渡航槽有利。大流量下断面流速变化不大;枝江 9 号断面在工程前后在枝江右侧深槽流速有所增加;柳条洲 11 号断面工程后,由于右汊内实施相应的工程,无疑增大了水流阻力作用,并且在定床上河床不能自我调整,因此左汊流速在中枯水期略有增加。

分流比变化:工程后水陆洲分流比改变较大,左汊(董市夹)流量明显减小,其中在 5000m^3/s 流量时,减小 3.2%,主汊流量的增加有利航道冲刷。柳条洲分流比在工程前后变化不大。

过渡航槽流速变化:工程实施后在航槽内不仅流态较好,而且流速也显著增加,有利航槽冲刷和稳定。在枝江水道肖家堤拐向枝江县城过渡航槽上,在流量为 5000 m^3/s 时,航槽流速由 0.85 ~ 1.34 m/s 增加到 1.08 ~ 1.46m/s,在 8750m^3/s 流量下,航槽流速由 1.05 ~ 1.42m/s 增加到 1.20 ~ 1.57m/s。在江口水道吴家渡向七星台过渡航槽上,在流量为 5000 m^3/s 时,航槽流速由 0.83 ~ 1.34 m/s 增加到 1.01 ~ 1.52m/s,在 8750m^3/s 流量下,航槽流速由 1.11 ~ 1.45 m/s 增加到 1.25 ~ 1.64m/s。

比降变化:枝江至江口河段存在局部比降较大的区域,主要集中在枝江上浅区和江口水道上下曹家河一带。工程实施后在 5000m^3/s 和 8750m^3/s 两级流量下,局部比降整体有所减缓,其中 95 号断面处最大,比降在 5000m^3/s 流量下由工程前的 7.19/10000 降至工程后的 5.90/10000,在 8750m^3/s 流量下由工程前的 8.11/10000 降至 6.82/10000,水流条件得到较大改善。

(3)方案二试验结果

与方案一效果基本一致,仅具体数值上有所差别,使沿程水位均有所壅高,工程的实施对中枯水水位影响较大,对洪水位影响不大。锁坝封堵了水陆洲中部的串沟后,水陆洲分流比改变较大,左汊(董市夹)流量明显减小;柳条洲分流比在工程前后变化不大。工程实施后过渡航槽流态有所改善,航槽内流速显著增加,有利于航槽冲刷。

(4)挖槽工程方案

工程方案 + 挖槽组合条件下,上浅区挖槽工程实施后,挖槽增强了吸流作用,流速增加,利于加大河床冲刷,同时也有效地抑制了昌门溪至肖家堤拐段比降,但上浅区对上游控制作用显著,挖槽的实施引起沿程水位呈现不同程度降落,抵消了工程方案的壅水效果。因此,挖槽工程虽然能增加上浅区水深,改善水流条件,但同时能引起上游水位下降。建议在采用该工程措施的同时,补充设计相应的辅助工程措施,从而抵消因开挖引起的水位跌落。

5.2.3 枝江至江口河段河床演变趋势预测动床模型试验

（1）模型设计

枝江至江口河段动床模型是在定床模型基础上改模而成的,模型比尺见表5-2-3。为了便于控制模型进出口水流条件,模型进口仍取在枝城大桥附近,出口取在大布街,模型全长54km,分流口淞滋河向内延伸5km。但动床范围则从昌门溪至七星台,全长约26km。

根据本河段的地质钻探资料以及历年来河道地形资料,该河段上段河床中大部分区域卵石已经出露,下段卵石层上面沙质覆盖层厚度也有限,冲刷极限地形将在不久的时间内出现。因此,本次物理模型试验中,将冲刷极限地形作为重要的边界控制条件,有利于研究碍航特性的发展趋势,有利于体现整治工程的效果。

本河段卵石层面的确定和绘制主要是基于钎孔和钻孔资料和多年的河道地形图来完成的。在本次动床模型试验中,以卵石层面作为冲刷极限地形来控制河床冲刷变形。用塑料沙模拟较细的沙质（直径大于0.1mm小于2mm,对应粉沙层）,较粗的砾卵石则用天然沙来模拟（直径大于2mm,主要对应卵石夹沙层）,按原型河床组成分层铺设模型沙,以较好地实现冲刷相似。模型具体比尺见表5-2-3。

模型对水面线、流速分布、冲淤变化等进行了详细验证,验证结果与实际符合良好。

表 5-2-3　　　　　　　　　　　　比尺汇总表

相似条件	比尺	计算值	使用值	备注
几何比尺	平面比尺 λ_L	300	300	
	垂直比尺 λ_H	100	100	
水流运动相似	流速比尺 λ_u	10	10	①塑料沙密度为1.22t/m³; ②天然沙密度为2.65t/m³; ③通过验证后为实际使用值
	糙率比尺 λ_{n_b}	1.244	1.244	
	流量比尺 λ_Q	300000	300000	
塑料沙起动相似	粒径比尺 λ_{d_b}	0.775~0.343	0.775~0.343	
	时间比尺	190	198	
	输沙率比尺	289.6	290	
	含沙量比尺	0.29	0.29	
天然沙起动相似	粒径比尺 λ_{d_b}	100	100	
	时间比尺	30	30	

（2）河床地形变化

至第二年未,枝江至江口河段冲刷了约953万 m³。只有吴家渡过渡航槽沙埂上有所淤积,其他部位均表现为冲刷,且以河槽冲刷为主,主河槽内沙层冲刷幅度较大,部分河床卵石裸露;在水陆洲左汊、柳条洲左汊和边滩上冲刷幅度小一些。到第五年未,全河段冲刷了约1879万 m³,这时河床普遍冲刷,主河槽内沙质覆盖层几乎被冲完,卵石裸露;水陆洲和柳条洲右缘冲刷严重,中下段局部崩塌;鲍家河边滩和张家桃园边滩仍有 2～4m 沙质覆盖层;水陆洲头部低滩上段卵石裸露;水陆洲洲头审沟有所发展;水陆洲左汊仍有 2～3m 沙质覆盖层;枝江深槽有 2～3m 沙质覆盖层;靠右岸的张家桃园边滩上仍有 1～3m 沙质覆盖层;刘巷边滩有 3～5m 沙质覆盖层;柳条洲头部低滩上沙层被冲完,卵石裸露;柳条洲左汊上段有 1～2m,中段有 2～4m,下段有 4～6m沙质覆盖层;吴家渡边滩和过渡槽沙埂有所冲刷,心滩上仍有 5～7m 沙质覆盖层;七星台深槽有 2～4m 沙质覆盖层;七星台对面心滩冲刷幅度不大,仍有 3～5m 沙质覆盖层。到了第 10 年未,本河段冲刷了约2140 万 m³。此时河床冲刷过程基本完成,大部卵石裸露或形成粗化层。从模型床面上看,水陆洲的左汊有少量沙层并形成粗化床面;右汊几乎没有沙子覆盖层,大多数是卵石层露出;水陆洲头部与低滩间审沟进一步冲宽冲深;鲍家河边滩沙层形成粗化层,大部卵石裸露;枝江深槽形成沙质覆盖层粗化;枝江上浅区没有沙子,床面固结;张家桃园边滩大都卵石裸露,只有很少沙子;刘巷边滩有 1～3m 沙质覆盖层,难以冲动;柳条洲头部低滩卵石裸露稳定;柳条洲左汊上、中段无沙,下段沙子覆盖层形成粗化层;吴家渡边滩和过渡槽沙埂冲刷降低,过渡航槽形成稳定,心滩上只有 2～4m 沙质覆盖层并趋于稳定;七星台深槽有 1～2m 沙质覆盖层;七星台对面心滩滩面面积有所减小,但其上仍有 2～3m 沙质覆盖层。

（3）水位与流速变化

水位变化:对枯、中、洪(5300 m³/s、8750 m³/s 和 56700 m³/s)三级流量下未来 10 年本河段内沿程水位变化进行了观测。枯水流量下,在下游大布街水位下降和本河段冲刷作用下,沿程水位逐年降低。昌门溪水位 2 年后下降 0.41m,5 年后下降 0.706m,10 年后下降 0.742m;李家渡水位 2 年后下降 0.42m,5 年后下降 0.834m,10 年后下降 0.895m;七星台水位 2 年后下降 0.337m,5 年后下降 0.578m,10 年后下降 0.852m。流量为 8750m³/s 时,昌门溪左岸水位 2 年后下降 0.275m,5 年后下降 0.399m,10 年后下降0.534m;李家渡水位 2 年后下降 0.28m,5 年后下降 0.475m,10 年后下降 0.644m;七星台水位 2 年后下降 0.225m,5 年后下降 0.328m,10 年后下降 0.613m。由于河势格局没发生大的变化,河床冲刷对洪水位影响较小,最大水位下降不到 6cm。

流速变化:随着河床的冲刷持续,沿程各断面最大流速有所增加,在8750 m³/s 流量下,7号断面右汊流速增幅为最大,增幅为0.10m/s,因此,总体来看断面流速增加的幅度不大。

(4)航道条件变化预测

枝江至江口河段主要存在两处碍航浅滩:吴家渡过渡浅滩和枝江上浅区。吴家渡过渡浅滩近几年主要表现为航宽不足,而枝江上浅区则表现为水深不足,其他部位航道条件良好,可满足3.5m×150m×1000m航道尺度要求。对于江口水道,经过2个水文年后,整个河段虽然总体表现为冲刷,但局部却还呈现淤积,主要是吴家渡边滩和过渡航槽沙坝上表现为淤积,这是由于上游河道的泥沙还未冲刷殆尽,泥沙输移至此,在江口中夹出流顶托以及吴家渡大边滩分散水流的作用下,泥沙落淤,促进吴家渡边滩不断向江心淤长,满足3.5m水深要求的航宽不足80m。根据模型断面监测,第四年末,吴家渡边过渡航槽沙坝高程进一步降低,航宽约展宽120m;到了第5年后,由于上游可冲的泥沙很少,江口水道河床加大冲刷,心滩表现为缩小,高程降低,过渡航槽展宽,水深增加,可满足3.5m的要求,航宽大于150m;10年后,过渡槽沙坝低小,并形成稳定粗化层,过渡航槽航道条件良好。对于枝江水道,枝江上浅区在2个水文年后,河床冲刷,高程降低,枝江上浅区河床高程约为28.6m,5300m³/s流量下李家渡水位为32.708m,上浅区的水深约为4.1m,可满足3.5m的最小航深要求,同时下游水位虽有降低,但还未引起枝江上浅区水位的下降,仅枝江上浅区航宽有所缩窄;5个水文年后,随着河床冲刷进一步发展,床面高程降低,同时枝江上浅区的水位也已受到下游水位降低的影响,浅滩水深减小,此时航道宽度不能满足150m要求;10个水文年后,主要受下游水位下降影响,引起枝江水位下降,又因上浅区河床难以进一步冲刷降低,水深和航宽不满足设计的航道条件。

5.2.4 航道整治方案动床模型试验

(1)方案布置

共试验了两个整治方案。

方案一主要由以下工程组成:水陆洲低滩护滩带工程、水陆洲窜沟锁坝工程、水陆洲洲头及右缘中上段护岸、水陆洲右缘低滩护滩工程、张家桃园边滩护滩带工程、柳条洲右缘及尾部护岸工程、吴家渡边滩护滩工程。方案一布置见图5-2-4。

方案二由6部分组成:水陆洲头部低滩护滩带、水陆洲窜沟锁坝工程、水陆洲洲头及右缘中上段守护工程以及水陆洲右缘低滩护滩工程、张家桃园边滩顺坝工程、柳条洲右缘及尾部守护工程和吴家渡边滩潜顺坝工程。方案二布置见图5-2-5。

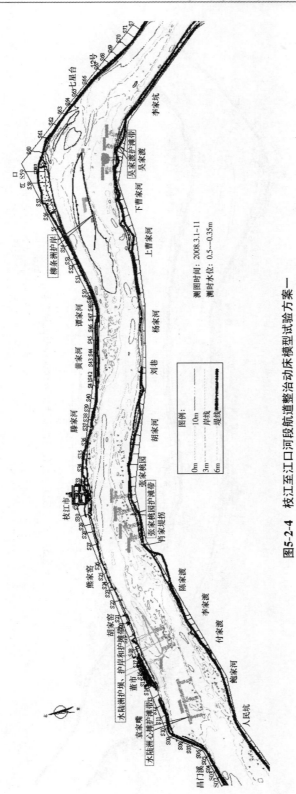

图5-2-4 枝江至江口河段航道整治动床模型试验方案一

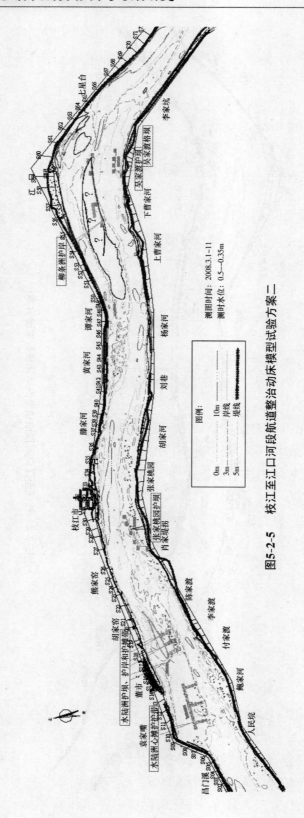

图5-2-5 枝江至江口河段航道整治动床模型试验方案二

（2）方案一试验结果

工程方案一实施后，达到了维护现在滩槽格局的稳定目的。经 3 个水文年后，航道条件有所改善，在当前水位条件下，流量为 5300 m³/s 时，能达到航道整治尺度为 2.9m×150m×1000m 的整治目标。吴家渡过渡航槽浅滩在 3 个水文年后，沙埂面积减小，高程降低，过渡航槽水深增加到 3.5m，航宽亦能达到 150m 以上。枝江上浅区卵石层面高程为 28.6m，3 个水文年后李家渡水位为 32.46m，最小水深有 3.86m，如水位再下降就难以保证水深和相应的航道宽度。

水陆洲洲头低滩护滩带工程，维护了洲头潜洲的高程，同时使潜洲的右缘稳定，起到了抑制昌门溪水位进一步下降的作用。

水陆洲洲头窜沟建锁坝封堵后，窜沟有淤积，使水陆洲老洲与洲头低滩连为一体。水陆洲右缘至洲尾护岸工程，避免了洲右缘冲刷，保持了完整的洲形。水陆洲右缘低滩护滩对维持低滩滩形有一定作用。这些工程实施后，水陆洲右汊水流流态有所改善，左汊分流比有所减少。在护洲和锁坝作用下，水陆洲左汊和枝江深槽上段冲刷也得到减弱。工程措施还在控制上游水位的下降方面起到一定作用。

张家桃园边滩护滩带工程，形成了完整边滩，消除了由于采砂造成的滩面散乱、深潭和乱石堆现象，并适当抬高了边滩高程，过渡航槽水流平顺。

柳条洲右缘及尾部守护工程，防止了柳条洲右缘冲刷和右汊展宽，因右汊发展水面展宽可能导致右汊水流分散，难以形成稳定的过渡航槽。这些工程除在洲滩稳定方面起了积极作用外，还对上游水位下降控制起到一定的作用。

吴家渡边滩护滩工程，在经过 3 个水文年后，边滩完整，并有一定的淤积，抬高了边滩高程，由其掩护作用，七星台对面的潜洲上也有一定淤积。工程稳定了柳条洲右汊的出流条件，降低了过渡槽沙埂高程，可满足过渡航槽水深和航宽条件，在一定程度上起到了控制上游水位下降的作用。

（3）方案二试验结果

工程方案二实施后，现在滩槽格局得到维护，经过 3 个水文年后，航道条件有所改善，可满足航道整治尺度为 2.9m×150m×1000m 要求，吴家渡过渡航槽沙埂在两个水文年后，面积减小，高程降低，过渡航槽水深增加，航宽就能达到 150m 以上，达到了整治目标。枝江上浅区卵石层面高程为 28.6m，3 个水文年后上浅区右岸李家渡水位为32.47m，最小水深有 3.87m，如水位再下降就难以保证 3.5m 水深要求和相应的航道宽度。

柳条洲洲头潜滩滩脊在护滩带守护下保持了滩脊高程和潜洲形状；水陆洲洲头窜沟建封堵淤积良好，使水陆洲老洲与洲头低滩连为一体；水陆洲右缘至洲尾护岸工程，使洲右缘稳定并保持完整的洲体；右缘低滩护滩对维持低滩滩形有一定作用。这些工程实施后，水陆洲右汊水流流态有所改善，左汊分流比有所减少。在护洲和锁坝作用下，水陆洲左汊和枝江深槽上段减少了冲刷。这些工程措施对控制上游水位的下降也有一定作用。

张家桃园边滩顺坝工程，消除了由于采砂造成的滩面散乱、深潭和乱石堆，抬高了边滩高程，使过渡航槽水流平顺通过，亦对上游水位有一定壅水作用。

柳条洲右缘及尾部守护工程，可稳定柳条洲右缘和控制右汊发展，有利于在右汊形成稳定的航槽。这些工程对上游水位下降控制起到了一定的作用。

吴家渡边滩潜顺坝工程，在经 3 个水文年后，边滩有了一定的淤积，边滩稳定。由于其遮掩作用，七星台对面的潜洲上也有了一定淤积。工程稳定了柳条洲右汊的出流条件，降低了过渡槽沙埂高程和面积，增加了过渡航槽水深，改善了航宽条件。

5.2.5　结论和建议

航道整治方案动床模型试验结果表明，两个方案实施后，均能达到守护洲滩和边滩的作用，且有一定的束流作用，增大了浅区的冲刷能力，改善了枝江上浅区和吴家渡过渡航槽的航道条件，同时对上游水位下降起到一定的抑制作用。两个方案均能达到预期的整治目标，两个方案的工程效果差不多，方案二略好，但方案二的顺坝工程量稍大，投资也稍大。综合比选，工程方案一作为推荐方案，而将工程方案二作为比选方案。

6　水库泥沙原型观测技术研究

通过系统分析总结三峡工程长期积累的水文泥沙观测资料,结合理论分析和数学模型研究,分析了输沙量法与断面法计算河床冲淤量差别产生的原因,并研究探讨了大水深、小含沙量条件下输沙量观测方法、坝区异重流和淤积物干容重等观测技术和改进方法。

6.1　大水深、小含沙量条件下含沙量沿垂线分布规律研究

三峡水库蓄水后,库区水深增大,最大可达200m左右,水流流速较小,水流紊动扩散作用减弱,重力作用相对增强。水流层中粗颗粒泥沙沿程沉积,细颗粒泥沙含量增多,含沙量沿河宽和垂线分布的规律有可能发生较大变化,特别是部分测站断面(如万县站)含沙量沿河宽分布趋于均匀;而坝前段表层至清、浑水交界面的水深范围内含沙量基本为零,交界面以下水流含沙量则较大。

6.1.1　含沙量分布规律分析

根据实际观测资料,采用统计学最小二乘法中的麦夸特法并结合通用的全局优化法,对不同情况下的含沙量沿垂线分布数据点进行曲线拟合,并根据三峡库区不同蓄水阶段、不同来沙组成、不同站点、不同流速情况下的拟合曲线进行比较,初步研究了三峡水库不同蓄水期、来沙情况、沿程变化、水力因子等对泥沙垂线分布规律的影响。

(1)三峡水库蓄水前后含沙量沿垂线分布规律变化

分天然情况下汛期(1998 – 2001 年常规测验资料)、2003—2006 年汛期(水库135m 运行期,常规测验资料)、2006 年汛期(水库135m 运行期,临底悬沙测验资料)等不同时期,研究含沙量沿垂线分布规律的变化。

图 6-1-1 为万县站不同时期实测泥沙观测数据及其拟合曲线的对比(曲线 1、2、3 分别代表天然情况下汛期、2003—2006 年汛期、2006 年汛期实测数据样本的拟合情况)。从图中可以看出,三峡水库蓄水前、后悬移质泥沙沿垂线分布规律在 $0.2 \sim 0.8h$(h 为水深,距河底距离,下同)处变化不大,但 $0.2h$ 以下泥沙所占比重有所增大,水面泥沙所占比例明显减少,这主要与三峡水库蓄水后,水流变缓、水流紊动作用减弱,由泥沙重力作用增强所致。

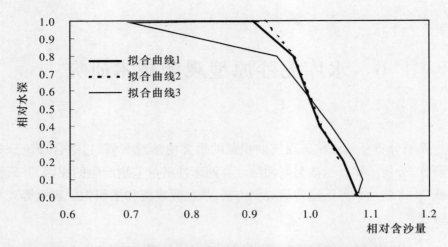

图 6-1-1　三峡水库蓄水前后万县站汛期悬移质泥沙沿垂线分布规律变化

（2）不同粒径的泥沙沿垂线分布规律

对 2006 年临底悬沙测验资料进行不同代表粒径情况下含沙量垂线分布规律进行分析（如图 6-1-2 所示），结果表明：泥沙垂线平均粒径越粗，含沙量沿垂线分布越均匀；垂线平均粒径越细，在河底附近含沙量相对越大，且泥沙垂线平均颗粒越细，临底处相对含沙量所占比重越大。

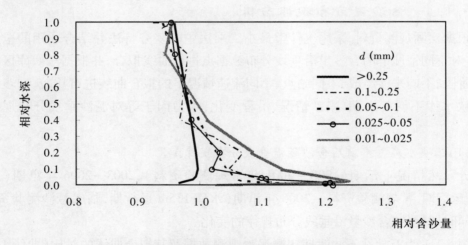

图 6-1-2　不同粒径的泥沙沿垂线分布规律对比

（3）悬移质含沙量沿垂线分布的沿程变化

选择三峡库区清溪场站（距离三峡大坝约 477km）、万县站（距离三峡大坝约 289km）进行分析。根据 2006 年汛前临底悬沙测验资料，清溪场站位于三峡水库变动回水区附近，悬移质泥沙垂线分布较为均匀，近底部泥沙相对含量较大；而万县站位于常年回水区，其悬移质含沙量垂线分布较不均匀，从水面到河底含沙量比重逐渐增大,近底部含沙量相对值较大,如图 6-1-3 所示。

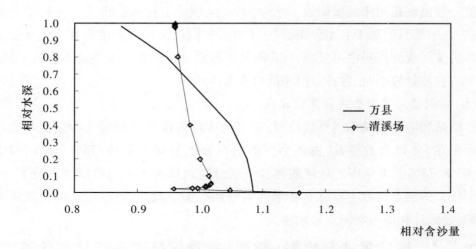

图 6-1-3　2006 年汛期万县与清溪场泥沙垂线分布对比

(4)不同水流流速条件下的悬移质含沙量沿垂线分布规律

图 6-1-4 为万县站垂线不同平均流速情况下的垂线含沙量分布,当垂线平均流速为 $1.0 \sim 1.5 \mathrm{m/s}$ 时,含沙量比重最大位置出现在河底以上 $0.4h$ 处。随着垂线平均流速减小,含沙量比重最大值所在位置逐渐下移。当万县站垂线平均流速小于 $0.5 \mathrm{m/s}$ 时,临底的泥沙含量所占比重较大。这应与泥沙处于淤积状态有关。流速较小时,泥沙淤积快,近底含沙量大。

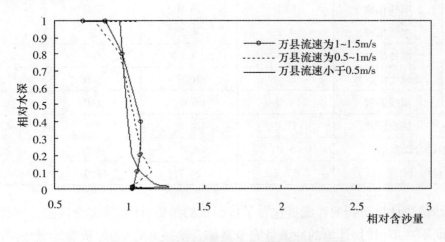

图 6-1-4　不同流速情况下万县泥沙垂线分布

(5)库区泥沙垂线分布规律分类

悬移质含沙量在水中垂线分布形式一般为"上小下大"。倪晋仁等人(1991 年)根据最大含沙量所处的垂线位置,悬移质泥沙垂线分布类型主要有 I、Ⅱ 型,其中:I 型分布中,含沙量最大值一般出现在河床底壁以上一定距离,通常在 $0.1h$ 相对水深处附近。Ⅱ型分布,其含沙量沿垂线分布,则自水面向河底先由小到大,再由大到小,其最大值一般出现在河床底壁附近。迄今为止,从理论上探求获得的含沙量沿垂线分布公式,几乎都只能适于Ⅱ型分布,对于Ⅰ型分布则尚无好的理论解释。但从三峡水库蓄水后实际观测资料中可发现,Ⅰ、Ⅱ两种泥沙沿垂线分布类型均普遍存在,并且当垂线平均含沙量较小时,含沙量沿垂线分布基本均匀。

(6)实测值与罗斯公式计算值比较

寸滩站和清溪场站不同垂线位置,罗斯公式计算得到的相对含沙量值与实测值相对误差在5%以内的点数,占整个点群的百分比分别为37%、78%、56%、32%和86%、69%、78%。可见库区悬移质泥沙垂线分布规律大多数与罗斯理论分布一致,其差别较大的测点位置主要分布在水体表层和底层。此外,泥沙沿垂向组成越不均匀,罗斯公式计算值与实测点差别越大。

6.1.2 输沙量法与地形(断面)法差别原因及改进途径研究

(1)输沙量法误差分析

现行的悬移质泥沙规范,对各项测验误差按水文站等级规定的控制指标见表6-1-1。对于一、二类站而言,水文站输沙量测验的系统误差分别为3.0%、4.5%。

表6-1-1　　　　　　　　　　　　河流悬移质泥沙测验误差控制指标

项目		随机不确定度		系统误差(%)	
		一类站	二类站	一类站	二类站
悬移质输沙率	取样仪器	10.0	16.0	1.0	1.5
	水样处理	4.2	4.2	-2.0	-3.0
	泥沙脉动	3.3	3.3		
	垂线上测点数	12.0	16.0	1.0	1.5
	垂线数量	4.0	6.0	1.0	1.5
	综合误差	17.0	24.0	2.6	4.0
流量综合误差(%)		5.0	6.0	1.5	2.0
输沙量综合误差(%)		17.7	24.7	3.0	4.5

输沙量法计算得到的冲淤量包含了各因素的测验、计算等综合误差。因此,当相邻两站间不冲不淤时,计算的冲淤量完全是综合误差 ΔE。为分析输沙量法的计算误差,可由河段淤积量计算式,根据误差的传播关系,推导出输沙量差法计算河道冲淤量的相对误差为:

$$S_\Delta = \frac{1}{k} S_{ud} \sqrt{1 + (1 - k)^2}$$

式中:影响冲淤量的相对误差因素有计算河段内的淤积(冲刷)率、输沙量测验的相对误差和误差比例系数等。当水文站输沙量和区间引沙量的测量方法、测验仪器等测量条件和计算方法等基本不变时,输沙量测量的相对误差、误差比例系数保持相对稳定,而淤积率可能会差异很大,因此淤积率是影响河道冲淤量相对误差的重要因素。以输沙量测量的相对误差取 3% ~15% 为例,根据上式可计算出淤积量相对误差与淤积率的关系,如图 6-1-5 所示。由图可见,当河道内的淤积(冲刷)量占来沙量的比重较大时,计算的淤积(冲刷)量相对误差很小,计算精度高;而随着河段淤积(冲刷)率的降低,淤积(冲刷)量的相对误差迅速增大,甚至超过 100% 。因此,输沙量差法计算淤积(冲刷)量精度高低的关键因素是河道淤积(冲刷)率的大小。

(2)输沙量法的适用性

对于长江一类、二类水文站而言,输沙量测验误差分别为 3% 、4.5% 。由计算知,当淤积(冲刷)率小于 5% 时,该法计算的淤积(冲刷)量相对误差将超过 80% ,此时,该方法计算的结果已无使用价值;当河道(水库)淤积(冲刷)率大于 30% 时,该法计算的淤积(冲刷)量相对误差将小于 20% ,该方法计算的结果较为可靠。

(3)断面法的误差组成

断面法计算淤积(冲刷)量精度高低的关键因素是河道槽蓄量计算误差的大小,而河道槽蓄量计算误差主要与断面代表性误差和河道地形测量的测点高程误差有关。

首先,由于断面数量有限,只有合理布置断面,才能减小计算误差。因此,断面代表性是断面法误差的主要来源之一。

其次是测点高程误差。测点高程主要受推算的水位精度及回声仪测深精度的影响,其中水位精度对河床测点高程计算影响较大。

(4)断面法的计算误差分析

断面法计算的冲淤量相对误差与河道槽蓄量相对误差之间的关系为:

$$V_\Delta = \frac{1}{\eta} S_{Vi} \sqrt{1 + (1 - \eta)^2}$$

式中:S_{Vi}为河道槽蓄量计算的相对误差。由此可见,利用断面法计算冲淤量时,其计算误差的大小不仅与河道槽蓄量计算误差的大小有关,而且还与河床冲淤量占槽蓄量的比例大小密切相关。断面法冲淤量计算误差的大小与河道槽蓄量计算误差、河床冲淤率之间的关系如图 6-1-6 所示。

由图可见,河道槽蓄量计算误差和河床冲淤率是控制河床冲淤量准确度的重要因素。当河床冲淤量与河道槽蓄量之间的比值小于 5% 时,只有当槽蓄量计算误差小于 1% 时,其冲淤量计算的误差才小于 30% ,结果相对较为可靠。因此,河槽槽蓄量计算误差的大小是影响河床冲淤量计算精度的主要因素,而河道槽蓄量的计算误差则主要与断面布设密度(代表性)、高程测点误差有关。

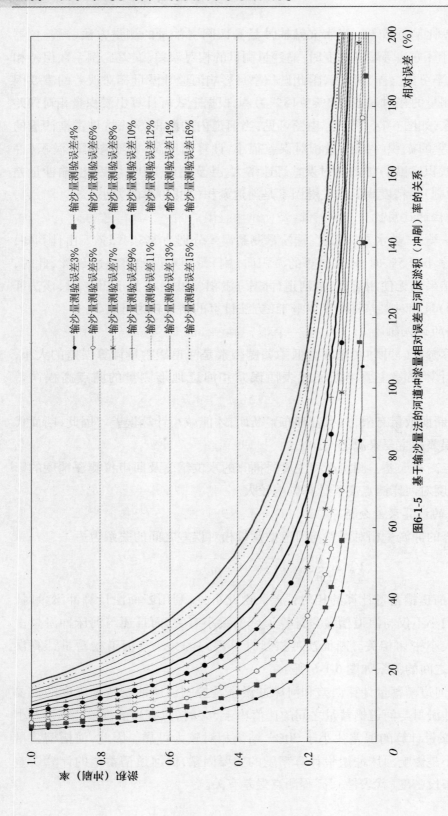

图6-1-5 基于输沙量法的河道冲淤量相对误差与河床淤积（冲刷）率的关系

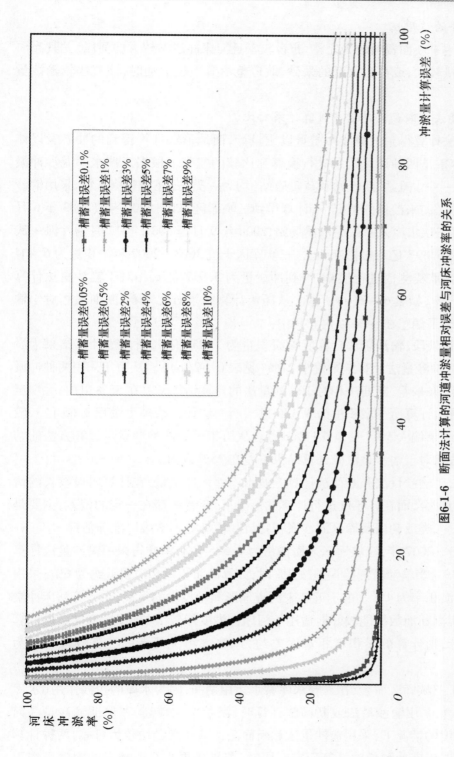

图6-1-6 断面法计算的河道冲淤量与河床冲淤率的关系

（5）断面法的适用性

断面法适用于断面资料较为完整、布设较密且河床冲淤率较大的河段，尤其当河段内区间来沙量较大，或存在大量的采砂、航道整治等人类活动时，该方法较输沙量法更为实用。

（6）输沙量法与断面法冲淤量计算结果对比

输沙平衡法计算得到的泥沙冲淤量以重量计，而地形法计算得到的冲淤量以体积计，泥沙干容重是两种计算结果进行换算和比较的纽带。根据三峡水库泥沙冲淤计算的依据站——寸滩站、武隆站和黄陵庙站（均为一类站）泥沙观测资料，采用输沙量法，在不考虑区间来沙量的情况下，计算得到三峡库区 2003—2007 年（2003 年 6 月至 2006 年 8 月三峡水库入库站为清溪场站，2006 年 9 月至 2007 年 12 月为寸滩 + 武隆站）淤积量为 6.397 亿 t；根据断面法，三峡库区干流 2003—2007 年淤积量为 6.404 亿 m^3，采用干容重实测值进行换算，得到冲淤量为 5.917 亿 t，相对于输沙量法计算的淤积量偏小 7%，如表 6-1-2（a）所示。从历年计算结果对比来看，断面法相对于输沙量法的计算结果偏差在 44% 以内。其中：

万县至铜锣峡段，输沙量法计算所得淤积量为 2.857 亿 t，断面法计算结果为淤积 2.267 亿 t，较输沙量法计算结果偏小 21%（见表 6-1-2（b））。从历年采用两种冲淤量计算方法的结果来看，断面法相对于输沙量法的计算结果偏差在 55% 以内；大坝至万县段，输沙量法计算所得淤积量为 3.476 亿 t，断面法计算结果为淤积 3.65 亿 t，较输沙量法计算结果偏大 5%（见表 6-1-2（c））。从历年采用两种冲淤量计算方法的结果来看，断面法相对于输沙量法的计算结果偏差在 75% 以内。

由此可见，用输沙量法和断面法计算三峡水库库区冲淤量，在计算时段较长的情况下，两者较为吻合，而在各年度进行计算的情况下，两者尚存在一定的偏差，主要是由于区间来沙、人类活动以及库区泥沙淤积物沉降固结等因素难以准确估计。

此外，2003—2007 年，三峡库区入库沙量为 9.505 亿 t，由此得采用输沙量法计算的淤积率为 67%，当输沙量测验误差按 3% 时，计算的淤积量相对误差约为 6%；采用断面法计算的淤积率为 4%。由于近年来河道地形测量技术的发展，在计算河床冲淤量时，目前的实测断面数据能较好地适用于河床冲淤变形较大的情况，若槽蓄量计算误差按 0.5% 计，则计算的淤积量相对误差约为 17%，可见两者的计算成果均较为可靠。

因此，对于三峡库区而言，在三峡水库蓄水运用期间，因为水库的拦沙作用（水库拦沙率达 67%），采用输沙量法或断面法计算时，淤积率均较高，在保证输沙量和河床地形测验精度的情况下，采用输沙量法和断面法计算冲淤量均较为可靠，两种计算方法均可应用于库区冲淤量的计算研究。同时，若具备更为全面精确的泥沙干容重实测资料，则输沙量法与断面法计算结果基本一致。

表 6-1-2（a）   大坝至铜锣峡河段输沙量法与地形法计算结果对比

时间	输沙量法（万 t）	断面法		绝对偏差（万 t）	相对偏差	备注
		（万 m³）	（万 t）			
2003 年 3 月－2003 年 10 月	12147	19216	17157	5010	41%	2003 年 3 月至2006 年 10 月统计至李渡镇，2006 年 10 月至2007 年 10 月统计范围为大坝至铜锣峡
2003 年 10 月－2004 年 10 月	10163	12866	11718	1555	15%	
2004 年 10 月－2005 年 10 月	15106	9407	8525	－6581	－44%	
2005 年 10 月－2006 年 10 月	8909	11960	11942	3033	34%	
2006 年 10 月－2007 年 10 月	17005	10589	9828	－7177	－42%	
2003 年 3 月－2007 年 10 月	63329	64038	59170	－4159	－7%	

表 6-1-2（b）   大坝至万县河段输沙量法与地形法计算结果对比

时间	输沙量法（万 t）	断面法		绝对偏差（万 t）	相对偏差
		（万 m³）	（万 t）		
2003 年 3 月－2003 年 10 月	7584	14580	12357	4773	63%
2003 年 10 月－2004 年 10 月	6506	7910	6505	－1	0%
2004 年 10 月－2005 年 10 月	10180	7078	6053	－4127	－41%
2005 年 10 月－2006 年 10 月	3578	6556	6273	2695	75%
2006 年 10 月－2007 年 10 月	6913	5509	5310	－1603	－23%
2003 年 3 月－2007 年 10 月	34760	41633	36498	1738	5%

表 6-1-2（c）   万县至铜锣峡河段输沙量法与地形法计算结果对比

时间	输沙量法（万 t）	断面法		绝对偏差（万 t）	相对偏差	备注
		（万 m³）	（万 t）			
2003 年 3 月－2003 年 10 月	4563	4636	4800	237	5%	2003 年 3 月至2006 年 10 月统计至李渡镇，2006 年 10 月至2007 年 10 月统计范围为大坝至铜锣峡
2003 年 10 月－2004 年 10 月	3657	4956	5213	1556	43%	
2004 年 10 月－2005 年 10 月	4926	2329	2472	－2454	－50%	
2005 年 10 月－2006 年 10 月	5331	5404	5669	338	6%	
2006 年 10 月－2007 年 10 月	10092	5080	4518	－5574	－55%	
2003 年 3 月－2007 年 10 月	28569	22405	22672	－5897	－21%	

6.1.3 输沙量法改进途径

（1）测验仪器的改进

目前，长江悬移质含沙量测验主要采用横式采样器、积时式采样器等，其随机误差较大，适应水深一般小于 50m。三峡水库蓄水后，水深已远远超过原有仪器的适应水深，原采样器的适应性需进一步验证，再提出相应改进的措施。

针对上述要求,近几年长江水利委员会水文局一直对以 LISST – 100X 为主的泥沙测验仪器进行了研究。根据国家现行《河流悬移质泥沙测验规范》(GB 50159 – 92)第 8 章(悬移质泥沙测验随机不确定度估算要求)对测验仪器和测验方法进行了控制。根据 2006 年汛期宜昌站、庙河站和沙市站进行含沙量沿水深变化过程 LISST 激光粒度仪动态测量结果,说明其相当稳定和适宜,具有较高灵敏度和效率,能满足国家现行《河流悬移质泥沙测验规范》对悬移质泥沙测验随机不确定度估算分项误差要求。

LISST – 100X 实时测量瞬时点含沙量、颗粒级配脉动过程和沿垂线分布,同时计算时均值,较为完整地弥补了在水库和坝下游采用常规法测验存在的不足。但除了仪器本身的适应性外,LISST – 100X 在测量中还需解决以下问题:①库区及坝下游含沙量较小,有的时段含沙量接近为 0;②库区河床因泥沙沉淀易形成较厚的淤积层,对河床底部的泥沙测验有较大困难。对目前生产中使用的瞬时采样器(横式)和积时式采样器,也可在现有水沙特性下考虑新的改进。如横式采样器主要应从以下方面改进:①在三峡水库水深较大的情况下(水深可达 200m)单点取样时间过长,通过增加独立取样仓(由 1 个增加到 3 ~ 4 个)加以解决;②水深较大,机械锤击采样器口门关闭的保证率不高时,可以增加电磁设施,实现自动锤击,提高口门的关闭率;③在河底取样时容易取到河床上扰动的泥沙,可以通过增加覆盖板防止河床扰动,提高取样精度;④临底水样应考虑库区和非库区情况,库区的采样器距河底的高度应分析提高,而非库区的采样器距河底的高度应降低,这样可以减少相对位置 1.0h 取样带来的误差。

(2)测验方法的改进

三峡水库蓄水后,库区水深较大,水流流速较小,粗颗粒泥沙沿程沉积,细颗粒泥沙含量增多,含沙量沿河宽和垂线分布的规律均有所变化,特别是部分测站断面如万县站含沙量沿河宽和垂线分布均趋于均匀;而坝前段表层至清、浑水交界面的水深范围内含沙量基本为零,交界面以下水流含沙量则较大。传统的含沙量测验垂线沿河宽分布、测点沿垂线分布、单断沙关系,可能不能完全反映库区输沙量的变化情况。

(3)测验方法的调整

三峡水库各水文站流量测验大部分在 11 线左右,3 点法或 2 点法测验、输沙率测验多为 11 线左右,3 点或 2 点垂线定比混合、单沙取样一般在 1 ~ 3 线,按 3 点或 2 点垂线定比混合取样。目前各站都在根据本站水流变化特点进行测验垂线和测点的分析调整。例如黄陵庙站单沙取样垂线从原来的 3 线(230m、310m、390m),在每条垂线 0.2h、0.6h、0.8h 处按 2∶1∶1 垂线混合分析调整为 1 线(310m),按 2∶1∶1 垂线混合取样;宜昌站单沙取样垂线也从原来的 3 线(310m、550m、700m),在每条垂线 0.2h、0.6h、0.8h 按 2∶1∶1 垂线混合分析调整为 1 线(550m),在每条垂线 0.2h、0.6h、0.8h 处按 2∶1∶1 垂线混合取样。调整前后的整编资料均达到了泥沙整编规范的要求,对比见表 6-1-3。

表 6-1-3　　　　　黄陵庙站、宜昌站单断关系整编检验结果统计表

取样方法＼项目		系数	随机不确定度（％）	符号检验	适线检验	偏离数值检验	相对标准差（％）
550	宜昌	0.998	11.5	合理	合理	合理	5.8
310	黄陵庙	1.000	7.6	合理	合理	合理	3.8

异步测沙：异步测沙源于三峡水库的运行调度，是对水文站常规流量、输沙率测验方法调整的措施之一。过去大部分输沙率测次都是与流量测验配套进行的，但随着三峡水库日趋完工，库区的流量变化趋于多变和复杂化，继续采用流速仪已不能完全了解流量的变化过程。加之含沙量在一年里大部分时间都很小，若每次输沙率测验都与流量同步势必浪费大量的人力和物力，工作效率大为降低。因此对流量、输沙率测验采用异步法，将有利于整编成果的提高，同时也可节省部分人力和物力。

目前，三峡库区水文站在逐步采用 ADCP 测验流量。采用异步测沙方式时，断面流量采用走航式 ADCP 横渡法施测，也可用 H－ADCP 实时监测，还可以采用相应的整编流量，通过采用各取样垂线间的部分流量权重系数，得到各取样垂线间的流量。以各取样垂线的平均含沙量为实测值，可计算出异步测沙法的断面输沙率。

从黄陵庙站和宜昌站异步测沙法的分析和整编结果来看，运用部分流量权重系数法推算断面平均含沙量，可以满足两站悬移质输沙率测验和整编的精度。实际运用时，采用走航式 ADCP、H－ADCP 的流量测验方式，配合常规悬移质测验或 LISST－100X 自动测沙仪等仪器，在断面含沙量变化剧烈时可以及时增加悬移质输沙率测次，更好地抓测流量和含沙量变化过程，既缩短了测验历时，又提高了流量、悬移质输沙率测验精度，更为适应测验断面因三峡水库运行带来的水沙情况的变化。

临底悬沙的观测分析改进：就常规悬移质泥沙测验而言，按照测验规范要求，测量范围多是在距河底 $0.2h$ 以上，而距河底 $0.2h$ 以下至河床的泥沙却往往由于观测仪器和相关规范的规定，而没有进行观测。随着认识水平和科研要求的不断提高，对临底悬沙的观测越来越引起重视。因此，长江水利委员会水文局于 2006 年首先在三峡水库上、下游主要水文站（清溪场、万县、宜昌、沙市、监利 5 个水文断面）开展了临底悬沙试验研究，对临底层输沙情况进行了监测，分析常规测验和临底悬沙测验成果之间的差别。

由于常规法采用 2 点法计算垂线平均流速，而多点法采用 7 点法计算平均流速，因而会产生各条测验垂线平均流速的计算误差，进而导致流量计算误差。从单测次来看，清溪场、万县、宜昌、沙市和监利断面平均流速最大相对误差分别为 3.7％、3.39％、2.15％、2.00％ 和 3.57％；断面流量最大相对误差分别为 3.55％、3.38％、2.53％、2.21％ 和 3.32％，单测次最大相对误差值未超过 4％。从多测次平均来看，清溪场、万县、宜昌、沙市和监利断面平均流速和流量相对误差在 2.0％ 以内，其中各测站断面平均流速相对误差分别为 1.83％、1.05％、1.42％、1.08％ 和 1.81％；断面流

量相对误差分别为1.82%、1.08%、1.34%、1.18%和1.86%。

临底常规法和临底多点法方法输沙率计算成果比较如下:从多测次平均输沙率修正系数和相对误差来看,清溪场、万县、宜昌、沙市、监利站的全断面输沙相对误差分别为3.39%、4.03%、1.79%、14.38%、10.33%。

在测验方法改进的基础上进行输沙量改正。输沙量改正方法是,取综合概化曲线公式按积分法所计算的输沙量与按规范规定的方法得出的输沙量的比值作为改正系数。各试验站分组输沙量改正系数成果表见6-1-4,各试验站年输沙量改正计算成果见表6-1-5。

表6-1-4 各试验站分组输沙量改正系数成果表

测站	分组沙							床沙质
	d_1 (≥ 1.0)	d_2 (1.0 ~ 0.5)	d_3 (0.5 ~ 0.25)	d_4 (0.25 ~ 0.125)	d_5 (0.125 ~ 0.062)	d_6 (0.062 ~ 0.031)	d_7 (<0.031)	
	改正系数 θ_{d_1}	改正系数 θ_{d_2}	改正系数 θ_{d_3}	改正系数 θ_{d_4}	改正系数 θ_{d_5}	改正系数 θ_{d_6}	改正系数 θ_{d_7}	改正系数 $\theta_{dc(床)}$
清溪场	/	/	0.986	0.9852	0.987	0.9946	0.996	0.9853
万县	/	/	/	/	1.0134	1.0096	0.9895	0.9905
宜昌	/	/	1.0845	1.0525	0.9971	0.9993	0.9976	1.0039
沙市	/	/	1.6533	1.2445	1.0947	1.0304	1.0177	1.2699
监利	/	/	1.8683	1.2119	1.1003	1.0070	0.9954	1.2180
宜昌 70 年代	/	/	1.1598	1.1221	1.0513	1.0090	1.0033	1.1422

6.1.4 断面法改进途径研究

(1)改进固定断面代表性

目前的断面布置并未完全控制河道形态的变化。尤其是支汊河段、弯道河段、宽窄过渡段河段布置断面偏少,不足以控制河道的变化。要改进断面代表性,控制河道的渐变过程,减少断面的代表性误差。

(2)水下地形观测技术改进措施

为堤高三峡水库蓄水后水深测量精度,通过对回声仪指向角对测深精度的影响和回声测深仪工作频率对测深精度影响等的分析,发现:过小或过大的波束角的测深仪测量高边坡区水深误差大,工作频率过低,可能会将新淤积的泥沙层过滤掉。因此,适合大水深、高边坡环境水深测量测深仪应满足波束角 4°~8°、工作频率 100~200kHz、仪器输出功率大于 150W 的基本条件为宜。

此外,为提高断面测点推算水位精度,建议:断面上、下游水位站布设距离应能以控制水位落差不越过 0.2m 为宜;对落差较大的天然河道,断面上、下游水位站布设距

表 6-1-5

各站年输沙量改正计算成果表

测站	全沙输沙量 W'_s (万t)	d_3(0.5~0.25mm) 年输沙量 (万t)	改正系数 θ_{d_3}	改正后年输沙量 (万t)	d_4(0.25~0.125mm) 年输沙量 (万t)	改正系数 θ_{d_4}	改正后年输沙量 (万t)	d_5(0.125~0.062mm) 年输沙量 (万t)	改正系数 θ_{d_5}	改正后年输沙量 (万t)	d_6(0.062~0.031mm) 年输沙量 (万t)	改正系数 θ_{d_6}	改正后年输沙量 (万t)	d_7(<0.031mm) 年输沙量 (万t)	改正系数 θ_{d_7}	改正后年输沙量 (万t)	全沙输沙量改正量 ΔW_s (万t)	改正后年输沙总量 $W_{s(全)}$ (万t)	$B_{(全)}=\Delta W_s/W'_{s(全)}$ (%)	床沙质部分年输沙量 $W'_{r-d(床)}$ (万t)	改正系数 $\theta_{dc(床)}$	床沙质部分改正后年输沙量 $W_{s-dc(床)}$ (万t)	进行床沙质部分改正后全沙年输沙量 W_c (万t)	ΔW_s (%)	$B'_{(床)}=dc_{(床)}/W'_s$ (%)
清溪场	9390	9.39	0.986	9.26	197	0.9852	194	291	0.9870	287	714	0.9946	710	8180	0.9960	8150	-40	9350	-0.43	320	0.9853	315	9390	-1.45	-0.049
万县	4730							9.46	1.0134	9.6	227	1.0096	229	4490	0.9895	4442.9	-48.4	4682	-1.02	2450	0.9905	2427	4707	-0.95	-0.49
宜昌	840	10.1	1.0845	10.9	8.4	1.0525	8.8	10.1	0.9971	10.1	55.4	0.9993	55.4	756.0	0.9976	754.2	-0.6	839.4	-0.1	22.0	1.0039	22.1	840.1	0.39	0.01
沙市	2050	200	1.6533	331	694	1.2445	864	99.2	1.0947	109	150	1.0304	155	907	1.0177	923	331	2381	16.12	933	1.2699	1185	2302	26.99	12.28
监利	3490	427	1.8683	798	1610	1.2119	1950	331	1.1003	364	241	1.0070	243	881	0.9954	877	740	4230	21.20	2160	1.2180	2630	3960	21.76	13.47
宜昌 70 年代	47000	1504	1.1598	1744	4559	1.1221	5116	7050	1.0513	7412	10340	1.0090	10433	23876	1.0033	23955	1660	48660	3.5	7050	1.1422	8053	48003	14.22	2.13

备注:清溪场、万县、宜昌、沙市、监利统计时段为 2006.6－2007.5,宜昌 20 世纪 70 年代 1 统计时段为 1975.1－1975.12

离应控制在 1km 范围,且应在洲滩的头、中、尾增设水尺等。

6.2 异重流和淤积物干容重等观测技术和方法改进

充分利用已有的淤积物干容重和异重流观测资料,结合本课题专题 I 中淤积物干容重和异重流运动规律研究成果,探讨坝区异重流和淤积物干容重等观测技术和改进方法,以满足三峡工程泥沙问题研究的需要。

6.2.1 坝前异重流观测资料

2004 年 8—9 月,共开展了 4 次三峡水库坝前段异重流观测。其中,8 月份主要在坝前 3km 范围内布置了 4 个断面;9 月份观测断面及垂线布置作了适当的调整,将观测范围扩大到庙河专用水文断面,全长约 13km,布设了 5 个观测断面。2005 年将观测范围进一步扩大至秭归县归州镇,全长约 39.3km,共布设了 6 个测验断面,观测了 3 次,时间分别为 7 月和 8 月。观测断面布置如图 6-2-1 所示。

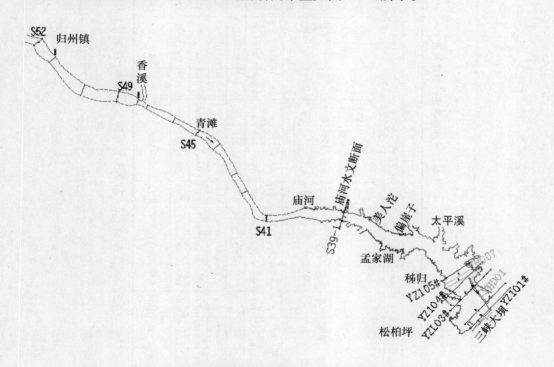

图 6-2-1   坝前段异重流测验断面布置图(2004—2005 年)

测验结果显示:2004 年 9 月 12 日,庙河断面含沙量与流速的分布呈现出水面与河底小、中层大的特点,具有异重流分布特征,而以下库段含沙量逐步演变为沿水深增加,且越近坝前变化幅度越大。2005 年 7 月 8—12 日处于本年度第一次洪峰、沙峰形成期,流量从 27800m³/s 增加到 48000m³/s,实测资料显示,坝前河段含沙量分层较明显,尤其是深泓垂线的含沙量分层最为明显,含沙量基本上随着水深的增大而增大,但有少量垂线含沙点为中部大、水面与水底小,如图 6-2-2 所示。

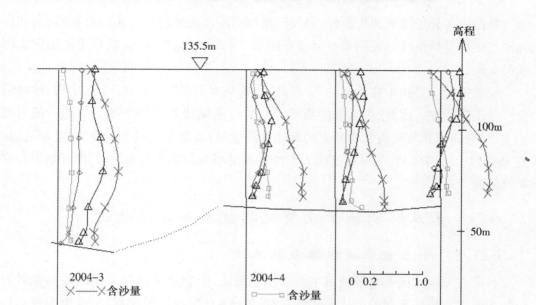

图 6-2-2　坝前 2004 年 9 月断面流速及含沙量分布沿程变化

6.2.2　异重流观测方法改进

三峡库区异重流的观测方法主要有 3 种:横断面法、主流线法及巡测法。2003 年三峡水库蓄水运行后,通过近几年的坝前水文泥沙测验,特别是 2004、2005 两个年度的坝前段异重流观测,初步掌握了一些坝前水流泥沙特性。此期间的异重流的观测方法主要采用横断面法和巡测法相结合,流速采用 ADCP 进行测验,含沙量采用横式采样器进行垂线单点取样后分析。由于三峡水库坝前水深达 130～150m,一个测验断面的沙样取样历时就需要 5～6h,并且布设的取样垂线和测点还比较少。因此,对需要快速和详细掌握断面的含沙量分布的异重流测验来说,原来的测验手段不能满足其要求。

随着 LISST－100X 现场激光粒度仪、声速剖面器的引进和应用,坝区异重流测验可以采用新的方式来进行。新的测验方式主要采用 GPS 定断面和垂线的位置,ADCP测验断面流量和垂线流速,LISST－100X 测验垂线含沙量和颗粒级配,声速剖面器测验垂线水温,实现了垂线流速、含沙量、颗粒分析、水温等项目的同步快速测验,极大提高了测验效率和精度,并且可以现场看到测验数据,判断有无异重流发生。

6.2.3 测验断面布设和测验时机选择

根据水库异重流的产生条件,以及三峡坝前库段边界特征与实际淤积特点,初步确定三峡坝前异重流的观测重点河段在距坝 2~20km 范围内,设置异重流固定观测断面 6 个。

坝前来沙主要集中在汛期的 7—8 月,沙峰基本上在洪峰后 2~3 天出现,沙峰后含沙量下降较快。因此,异重流的测验时机应以汛期较大洪峰产生之后的一段时间为主,结合庙河和黄陵庙水文断面的常规含沙量测验,当出现两个断面的输沙率比达到 75% 以上,计算得到的异重流潜入水深也满足坝前局部水域水深时,即开始进行异重流测验。

6.3 水库淤积物干容重观测技术和方法改进

6.3.1 干容重采样仪器及其改进

目前在三峡库区干容重观测主要采用器测法,干容重采样器采用的主要是针对三峡水库水沙特性研制的犁式采样器、改进的 AWC 型挖斗采样器、AZC 型采样器以及 SX 转轴式干容重采样器。

(1)犁式采样器

主要针对卵石淤积物取样,属于非原状淤积物采样,由于卵石淤积物的干容重变化幅度小,干容重主要与淤积物的物理化学特性相关,即使对淤积原状进行了破坏,其干容重观测的精度也不会受到影响。

(2)挖斗式采样器的改进

当前在库区使用的床沙采样器主要是 AWC－1 小型挖斗式采样器,该仪器的挖斗口宽仅为 120mm,且为平口,重量约为 150kg,见图 6-3-1 所示。由于本采样器仅适合于沙砾石河床,在有较大卵石的情况下,经常出现采不到样或者封闭性不好,沙样丢失的现象。经研究,将采样器的挖斗进行了较大改变:一是加大口门宽度至 250mm;二是对口门形状由平口口门改为齿状口门;三是加大采样器重量至 250kg,制出 AWC－2 型挖斗式采样器样品,见图 6-3-2 所示。通过在土脑子河段进行床沙试用,采样效果得到明显改善,效率大大提高,现已投入正常使用,对于卵石粗沙河床主要采用该仪器。

图 **6-3-1** AWC–1 型挖斗式采样器(一)

图 **6-3-2** AWC–1 型挖斗式采样器(二)

（2）淤泥采样器（AZC）的研制

淤泥采样器的技术设计思路主要针对淤积不甚紧密的淤泥。在不受太大扰动的前提下，取得所需位置的样本。

AZC 型采样器主要用于淤积物为较细的淤泥的采样，也是目前三峡库区干容重淤积观测的主要仪器，分 AZC-1 和 AZC-2 两种型号。该采样器采用铅鱼附带采样管，触底自动关闭，采集不同深度淤泥层的沙样。为了尽量使采样器深入到淤泥的深处，采样器总重为 120~150kg。铅鱼形式为鱼状式或锥体式；采样盒为转轴式 AZC-1 型（见图 6-3-3）或插板式 AZC-2 型（见图 6-3-4）。采样盒容积为 100~120ml，采样管尺寸为 45mm×2000mm。

该采样器适应于三峡库区大水深特性，对河床淤积物的原状扰动要小，能获取不同淤积深度的淤积物样品，测取的淤积物体积量取方便可靠，测取的淤积物样品满足干容重和颗粒级配分析的需要。采样器要坚固耐用，使用和维修方便。

图 6-3-3　转轴式深层采样器

图 6-3-4　插板式深层采样器

7 结 语

采用理论研究、实体模型试验和数学模型模拟,结合蓄水以来原型观测资料分析,课题组完成了课题任务书要求的各项研究任务,取得的创新性成果,主要结论如下:

(1)首次对三峡水库蓄水运用后水流泥沙传播规律的变化、三峡水库可能存在的絮凝现象等进行了深入研究。三峡水库蓄水后,寸滩站至黄陵庙站的悬沙输移比洪水传播滞后较多,对水库排沙有一定影响。一方面,洪水传播时间缩短后,洪水预报时间变短,提前降低水位排沙更加困难。另一方面,如入库含沙量较高,则需要注意洪峰过后的沙峰排沙。

三峡水库细颗粒泥沙不仅淤积比大,且彼此差别小,如不考虑絮凝作用,难以用不平衡输沙理论解释。考虑絮凝作用后,模拟三峡水库出库含沙量过程与观测相符良好,从侧面说明三峡水库可能存在絮凝现象。研究表明,当入库流量小于 $16000\mathrm{m}^3/\mathrm{s}$ 时,絮凝作用使水库排沙比明显减小。这也说明,当入库流量小于 $16000\mathrm{m}^3/\mathrm{s}$ 时,即使入库含沙量较大,提前蓄水对水库淤积量影响已不大。

(2)通过对三峡水库异重流的模拟研究说明,三峡水库不能形成典型异重流,阐明了坝前段水流的三维特性是三峡水库坝前段淤积较大的主要大原因。

(3)通过引用土力学中饱和黏土密实过程的机理,导出了淤积物密实过程数值模拟方程:

$$\frac{\partial \gamma'}{\partial t} = C_v \frac{\partial^2 \gamma'}{\partial z^2} - \frac{2C_v}{\gamma'}(\frac{\partial \gamma'}{\partial z})^2$$

首次模拟了三峡水库淤积物初期干容重和干容重变化过程,计算结果与观测结果基本一致,满足了数学模型中计算淤积物干容重及其变化的需要。

(4)在考虑三峡水库入库悬移质和推移质变化的基础上,通过实测资料和理论分析,研究了变动回水区宽级配推移质运动规律及悬移质和推移质的转换规律。

(5)利用三峡水库大水深强不平衡条件下非均匀沙输沙规律研究成果,改进完善了水流泥沙数学模型。将利用水流泥沙数学模型进行长系列计算,研究不同入库水沙条件下的水库淤积过程、长期保留库容等,为充分发挥三峡工程的综合效益提供了技术支撑。

(6)在重庆主城区模型上采用了 20 世纪 90 年代水文系列年,进行了 2008—2027年坝前调度水位为 175m – 145m – 155m 的系列试验研究。从泥沙淤积和航道条件看来,2008年三峡工程坝前水位抬高至175m－145m－155m是可行的,但需要清淤或进行一些工程整治措施。

(7)采用20世纪90年代系列并考虑长江上游干支流建库拦沙的影响,进行三峡坝区泥沙淤积30＋2年试验,研究表明:新水沙系列试验条件下,坝区泥沙淤积量相对减小;三峡水利枢纽运用30＋2年后,上下游引航道口门区的流速流态均能满足通航要求;上游引航道内无需清淤,下游引航道遇大水大沙年时泥沙淤积高程超过57m的碍航高程,需要清淤;左右电厂和地下电厂前泥沙淤积均未超过电厂进水口底板高程,地下电站左侧连通道在枢纽运用过程中泥沙淤积较少,不会对过流产生大的影响。

(8)通过分析宜昌至大布街河段河床资料和水文泥沙资料,对已有成果进行了归纳。结合长江中游枝城至大布街河段河工模型试验研究,提出了重点沙卵石浅滩的治理思路和治理工程方案,提出了相应的航道维护和航道治理对策和措施。

(9)研究了输沙量法与地形(断面)法差别原因,分析了两者的适用性。采用输沙量法,计算得到三峡库区2003—2007年淤积量为6.397亿t;根据断面法得到的淤积量为6.404亿m^3,约合5.917亿t,相对于输沙量法的计算结果偏小7%。

三峡库区的淤积率较大,在满足输沙量和地形测验精度的情况下,采用输沙量法和断面法计算冲淤量均较为可靠,均可应用于冲淤量的计算研究。同时,若具备较为全面的泥沙干容重实测资料,输沙量法与断面法计算所得冲淤量结果经转换基本可以达到一致。

(10)目前,长江悬移质含沙量测验主要采用横式采样器、积时式采样器等,其随机误差较大,适应水深一般小于50m。三峡水库蓄水后,水深已远远超过原有仪器的适应水深。通过对测验仪器和方法进行改进,随着LISST－100X、声速剖面仪等新的测验仪器的引进和使用,含沙量测验的效率得到了极大的提高,异重流观测技术也可采用新的方式。对三峡库区干容重观测采样器进行了改进,可以对库区进行深层淤泥采样。

图书在版编目(CIP)数据

三峡工程水库泥沙淤积及其影响与对策研究/方春明,董耀华主编.
—武汉:长江出版社,2011
(三峡工程运用后泥沙与防洪关键技术研究丛书)
ISBN 978-7-5492-0395-6

Ⅰ.①三…　Ⅱ.①方…②董…　Ⅲ.①三峡水利工程—水库泥沙—研究
Ⅳ.①TV145②TV882.2

中国版本图书馆CIP数据核字(2011)第058383号

三峡工程水库泥沙淤积及其影响与对策研究　　　　　　　　　方春明　董耀华　主编

责任编辑:贾茜
装帧设计:刘斯佳
出版发行:长江出版社
地　　址:武汉市解放大道1863号　　　　　　　　　　　　**邮　　编:**430010
E-mail:cjpub@vip.sina.com
电　　话:(027)82927763(总编室)
　　　　　　(027)82926806(市场营销部)
经　　销:各地新华书店
印　　刷:湖北通山金地印务有限公司
规　　格:787mm×1092mm　　　　1/16　　　　10.75印张4页彩页　　　　290千字
版　　次:2011年12月第1版　　　　　　　　　　2011年12月第1次印刷
ISBN 978-7-5492-0395-6/TV·178
定　　价:38.00元